Neues verkehrswissenschaftliches Journal

Ausgabe 8

Knotenkapazität – Bewertungsverfahren für das mikroskopische Leistungsverhalten und die Engpasserkennung im spurgeführten Verkehr (RePlan)

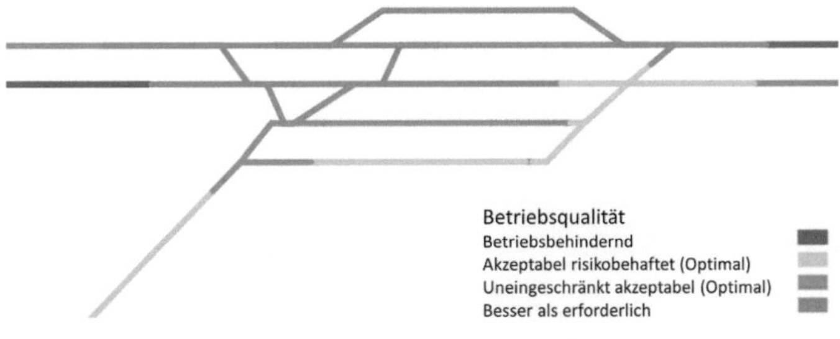

Prof. Dr.-Ing. Ullrich Martin

Dr.-Ing. Yong Cui

Dr. rer. nat. Dipl.-Math. Fabian Hantsch

Dr.-Ing. Dipl.-Math. Zifu Chu

Dipl.-Inf. Xiaojun Li

VWI Verkehrswissenschaftliches Institut Stuttgart GmbH

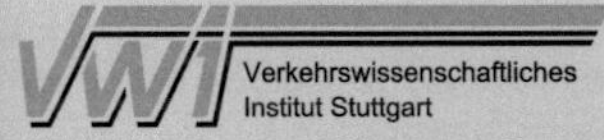

Titelbild: Mikroskopisches Leistungsverhalten einer Infrastruktur

Herstellung und Verlag: BoD - Books on Demand, Norderstedt

Printed in Germany

ISBN 978-3-8391-1944-0

Vorwort

Das Teilprojekt RePlan „Bahnhofskapazität" ist integraler Bestandteil des vom Bundesministerium für Wirtschaft und Technologie geförderten Gesamtprojektes der DB Netz AG FreeFloat1 „Intelligentes Schienennetz – Verkehrsmanagement für die Schiene" mit dem Ziel einer Steigerung der Leistung, Qualität und Nachhaltigkeit im Bereich der Eisenbahn. Das VWI war gemeinsam mit dem Institut für Eisenbahn- und Verkehrswesen der Universität Stuttgart darüber hinaus auch in die Bearbeitung der Teilprojekte Regler (Zuglaufregelung) und KosiDispo (Konsistente Disposition in Planung und Betrieb) eingebunden.

Die Effizienz des Eisenbahnnetzes hängt im besonderen Maße von der Leistungsfähigkeit und Betriebsqualität der Knoten, deren maßgebender Bestandteil oftmals die Bahnhöfe sind, ab. Deshalb ist der Gestaltung der Bahnhöfe im Zusammenspiel mit dem geplanten Betriebsprogramm und der vorgesehenen Betriebsqualität besondere Aufmerksamkeit zu widmen. Im Teilprojekt „Bahnhofskapazität" wurde deshalb die Methodik der Leistungsuntersuchungen weiterentwickelt, und die so entstandenen Forschungsergebnisse sind inzwischen in bestehende Verfahren implementiert, so dass eine unmittelbare praxisorientierte Anwendung (z.B. mit der Software PULEIV – Programm zur Untersuchung des Leistungsverhaltens) ermöglicht wird.

Neben bereits seit längerer Zeit genutzten globalen Indikatoren, wie z.B. dem Optimalen Leistungsbereich und dem Verspätungskoeffizienten, stehen mit der Engpassrelevanz, der Engpasssignifikanz und den Potentiellen Fahrwegreserven nun auch lokale Indikatoren zur Verfügung die u.a. zur genauen belegungselementbezogenen Identifikation von Engpässen und Reserven auch in sehr komplexen Infrastrukturen praktisch nutzbar sind. Durch die Bestimmung des Leistungsverhaltens einzelner Belegungselemente wird eine hinreichend genaue Analyse auf der Grundlage der Simulation des Eisenbahnbetriebs erreicht, so dass Maßnahmen im Bereich der Anpassung der Infrastruktur und / oder des Betriebsprogramms zielgerichtet ausgewählt und deren Wirkung bereits vor deren Realisierung präzise bestimmt werden kann.

Neben der Gewinnung neuer eisenbahnbetriebswissenschaftlicher Erkenntnisse leistet das Teilprojekt „Bahnhofskapazität" so auch einen Beitrag zur intensivierten Nutzung des Eisenbahnnetzes und damit zur Verlagerung von Verkehren von der Straße auf die Schiene.

Stuttgart, im Januar 2014

Ullrich Martin

Inhaltsverzeichnis

Abbildungsverzeichnis

Tabellenverzeichnis

1 Einleitung

1.1 Ziel und Aufgabenstellung

Eisenbahnknoten[1] spielen als leistungsbestimmende Elemente eine wichtige Rolle in der Eisenbahninfrastruktur, weil Engpässe meistens in jenen Knoten auftreten, die die Betriebsqualität und Kapazität der Infrastruktur maßgebend vermindern. Wegen z. T. äußerst komplexer Strukturen ist der Aufwand zur Bewertung der Knoten nicht zu unterschätzen. Es ist dazu ein Beschreibungsmodell für die Eisenbahninfrastruktur erforderlich, durch welches komplexe Gleisstrukturen übersichtlich strukturiert und der gesamte Untersuchungsraum zur Ermittlung der Qualitätskenngrößen aufgeteilt werden kann. Die bereits existierenden verschiedenen Modelle zur Beschreibung einer Eisenbahninfrastruktur sind allerdings nur teilweise für Leistungsuntersuchungen geeignet. Um ein neues Beschreibungsmodell für Belegungselemente[2] im Rahmen des Projekts RePlan zu entwickeln, werden die vorhandenen Eisenbahninfrastrukturmodelle analysiert, einander gegenübergestellt und in Bezug auf die Eignung für den Projektkontext geprüft.

Ebenso existieren bereits eine Reihe von Methoden bzw. Verfahren, die Kenngrößen der Leistungsfähigkeit und Kapazität einer Infrastruktur ermitteln und bewerten. Um einen geeigneten Ansatz speziell zur Bewertung der Bahnhofs- bzw. Knotenkapazität zu entwickeln, werden die möglichen Anwendungsgebiete und Beschränkungen der existierenden Methoden und Verfahren zur Leistungsuntersuchung als Grundlage analysiert. Basierend auf dem entwickelten Beschreibungsmodell der Eisenbahninfrastruktur wird ein Ansatz zur Berechnung der Knotenkapazität[3] unter Berücksichtigung der Wechselwirkungen zwischen den einzelnen Belegungselementen erarbeitet, auf dessen Grundlage die zu untersuchenden Kenngrößen ermittelt werden. Anhand dieser Kenngrößen stellt sich die Frage, wie die Kapazität und Qualität der zu untersuchenden Knoten bewertet werden können. Zur Beantwortung dieser Frage werden die Zu-

---

[1] Betriebsstellen, in denen mindestens zwei Strecken verknüpft sind.

[2] Ein Belegungselement ist ein gerichteter oder ungerichteter Teil der befahrbaren Infrastruktur.

[3] Der im ursprünglichen Projektantrag definierte Begriff „Bahnhofskapazität" wird in der gesamten Projektbearbeitung im Sinne einer umfassenderen Anwendbarkeit zum Begriff der „Knotenkapazität" erweitert.

sammenhänge zwischen den verschiedenen Kenngrößen analysiert, um daraus ein geeignetes Bewertungsverfahren für die Knotenkapazität abzuleiten.

1.2 Strukturierung der Dokumentation

- In Kapitel 2 werden der derzeitige Forschungsstand bei Leistungsuntersuchungen und Bewertungen für Eisenbahnknoten sowie offene Fragen diskutiert.
- Im darauf folgenden Kapitel 3 wird der Ablauf der Projektbearbeitung vorgestellt.
- Ein Überblick der Aufgaben bei allgemeingültigen Leistungsuntersuchungen wird in Kapitel 4 schematisch angegeben.
- Daran anschließend werden die heute existierenden Modelle für die Beschreibung der Infrastruktur in Bahnhöfen und Knoten und das neu entwickelte Beschreibungsmodell in Kapitel 5 vorgestellt.
- Basierend auf diesem neuen Beschreibungsmodell werden neue Berechnungs- und Bewertungsverfahren für das mikroskopische Leistungsverhalten entwickelt, die in Kapitel 6 erläutert werden.
- Kapitel 7 beschreibt einen neuen Ansatz zur Identifizierung und Priorisierung von Engpässen, die oftmals die Kapazität der Knoten entscheidend beeinträchtigen.
- Das Grundkonzept zur softwareunterstützten Umsetzung des im Rahmen des Projekts entwickelten Bewertungsverfahrens und die wichtigen implementierten Funktionalitäten im Programm PULEIV (Programm zur Untersuchung des Leistungsverhaltens) werden in Kapitel 8 dargestellt.
- Abschließend werden in Kapitel 9 die aktuellen Forschungsergebnisse und Möglichkeiten zur Weiterentwicklung zusammengefasst.

2 Motivation

2.1 Stand der Forschung

Nach jahrzehntelanger Entwicklung der Infrastruktur im spurgeführten Verkehr gibt es in Europa immer weniger reale Möglichkeiten für einen extensiven Neubau von Strecken und Knoten. Die Herausforderung liegt darin, die vorhandene Infrastruktur möglichst intensiv und intelligent zu nutzen und die maximale Auslastung zu erreichen, ohne dabei die Betriebsqualität zu vermindern. Wegen der komplexen Struktur des Eisenbahnnetzes sind Engpassbereiche, die die Kapazität der Eisenbahninfrastruktur sehr stark beeinträchtigen können, nicht vollständig vermeidbar. Solche Engpässe entstehen oftmals in Eisenbahnknoten, die komplexe Gleisstrukturen aufweisen. Neben der Frage, wo die Engpässe in bestehenden Infrastrukturen liegen, ist (über die Aufgabenstellung in diesem Projekt hinaus) auch die Frage nach den Ursachen für diese Engpassbereiche zu klären.

Zur Beantwortung dieser Fragestellungen werden Leistungsuntersuchungen durchgeführt, mit denen bestimmte Kenngrößen für Netzelemente [4] ermittelt werden. In [FENGLER, 2007] wurde eine einheitliche Methodik zur Untersuchung von Eisenbahnknoten vorgeschlagen, in der die Vorgehensweise der strukturierten Knotenanalyse beschrieben wurde. Bei dieser Methodik werden Knotenuntersuchungen in Leistungsuntersuchungen von Infrastrukturen, Fahrten, verkehrlichen Beziehungen und Betriebsprogrammen unterteilt. Für Infrastrukturen mit komplexen Gleisstrukturen können Simulationsverfahren bei Leistungsuntersuchungen die Realität des Bahnbetriebs abbilden und statistisch gesicherte Ergebnisse liefern. Eine wichtige Voraussetzung für die Engpassanalyse besteht darin, die Infrastruktur vor der Leistungsuntersuchung in hinreichend feine Belegungselemente zu unterteilen, die dann anhand geeigneter Kenngrößen bewertet werden. In [RADTKE, 2008] und [SIEFER, 2010] werden makroskopische und mikroskopische Infrastrukturmodellierungen vorgestellt. Ein Ansatz zur Umwandlung der zwischen mikroskopischen und makroskopischen Infrastrukturmodellen optimierten Fahrpläne für langfristige Planungen und Fahrplansimulationen wurde in [BORNDÖRFER, 2010] entwickelt.

---

[4] Teile des Fahrweges, für die sich Kenngrößen ermitteln lassen (z.B. Strecke, Fahrstraßenknoten, Gleisgruppe). [DB NETZ AG, 405 (2008)]

Bei Leistungsuntersuchungen werden verschiedene Kenngrößen für unterschiedliche Anwendungsgebiete bestimmt und zur Bildung geeigneter Indikatoren verwendet. Bei einer mittlerweile allgemein anerkannten Methode wird der optimale Leistungsbereich als Leistungskenngröße aus der Wartezeitfunktion abgeleitet. Dieser Ansatz wurde von Hertel und Ludwig [HERTEL, 1987] für zweigleisige Eisenbahnstrecken entwickelt. In der Diplomarbeit von Bosse [BOSSE, 1995] wurde das Verfahren verbessert und im Zusammenspiel mit Simulationsverfahren angewandt. In der Dissertation [SCHMIDT, 2009] wird eine Weiterentwicklung dieses Ansatzes vorgestellt. Die globale Kenngröße „optimaler Leistungsbereich" wird bei Leistungsuntersuchungen als globaler Indikator dafür herangezogen, wie viele Züge sich in einem zu untersuchenden gut ausgelasteten Eisenbahnnetz bewegen sollten, ohne dass die Betriebsqualität signifikant eingeschränkt wird. Neben Leistungskenngrößen dienen Qualitätskenngrößen zur betriebsprogrammabhängigen Qualitätsbeschreibung von Eisenbahnnetzen. Wartezeit und Pünktlichkeitsgrad [DB NETZ AG, 405 (2008)] sind Maßstäbe der Qualitätskenngrößen, mit denen die Qualität des Eisenbahnbetriebs z. B. in vier verschiedenen Stufen bewertet wird. Die wirtschaftliche Kenngröße „Transportimpulsdifferenz" wurde in [OETTING, 2005] entwickelt und bewertet eine Strecke unter betriebswirtschaftlichen Rahmenbedingungen. [BUSSIECK, 1997] entwickelten einen Ansatz zur Bewertung der optimalen Linienführung, bei dem die Kenngrößen aus verschiedenen Aspekten für jede Verbindung bewertet werden, um die besten Verbindungen zu bestimmen. In der internationalen Richtlinie UIC Code 406 [UIC, 2004] für Leistungsuntersuchungen werden lediglich Belegungen auf Streckenabschnitten für die Bewertung der Infrastrukturkapazität betrachtet.

Im Forschungsprojekt PULEIV [MARTIN, 2008] [MARTIN, 2011a] entstand eine Methode zur relationsbezogenen Engpassanalyse, die sich auf die Wartezeiten der gerichteten Relationen zwischen zwei Betriebsstellen bezieht. Diese Engpassanalyse basiert auf makroskopischen Modellen und kann die Ursachen im Netz nur sehr grob abschätzen. Bei analytischen Verfahren wird die Kenngröße „Qualitätsfaktor"[5] zur Engpassanalyse genutzt [VAKHTEL, 2002] und vereinfachend die überlastete Stelle als Systemengpass betrachtet. Ein anderer Beitrag zur Engpasserkennung anhand

---

[5] Der Qualitätsfaktor ist der Quotient aus der tatsächlichen und der vorgegebenen zulässigen Warteschlangenlänge

einer Leistungsuntersuchung mit analytischen Verfahren wurde in [KETTNER, 2005] vorgestellt. Dieses Verfahren analysiert die Engpässe unter dem Gesichtspunkt der langfristigen Infrastrukturplanung und identifiziert die überlasteten makroskopischen Knoten und Kanten des Infrastrukturnetzes als Engpässe. Für die Feinoptimierung der mikroskopisch zu modellierenden Infrastruktur ist dieses Verfahren jedoch nicht geeignet.

2.2   Problemstellung

Derzeitige Verfahren zur Kapazitätsberechnung beschränken sich vorwiegend auf Strecken oder homogene Teilbereiche innerhalb der Knoten, denn Belegungselemente können in ihrem vollständigen Zusammenwirken wegen der Komplexität der Gleisstruktur und der vielfältigen Kombinationen von Fahrwegen mit existierenden Ansätzen noch nicht befriedigend bewertet werden.

Eine der wichtigsten Aufgaben der Leistungsuntersuchung von Knoten ist das Erkennen von Engpässen, welche die Kapazität der Knoten beschränken, sowie die Identifikation von Reserven, die nicht ausgelastet werden. Weil Engpässe sowohl von der Infrastruktur als auch vom Betriebsprogramm bzw. Fahrplan abhängig sind, ist ein Ansatz zur Engpassanalyse notwendig, der alle relevanten Szenarien berücksichtigt.

Bei mikroskopischen Leistungsuntersuchungen eines Knotens muss die Infrastruktur in hinreichend feine Belegungselemente unterteilt werden. Bisher existiert jedoch noch keine geeignete Methode zur Infrastrukturmodellierung, welche bei der Aufteilung Fahrtmöglichkeiten berücksichtigt.

Aufgrund der genannten Problemstellung wird im Rahmen dieses Forschungsprojekts ein neuer Ansatz zur Bewertung von Eisenbahnknoten entwickelt, der sowohl ein neues Beschreibungsmodell zur Infrastrukturmodellierung, als auch ein Bewertungsverfahren unter Berücksichtigung des Zusammenhangs von Belegung und Behinderung sowie eine neue Methode zur Engpasserkennung einschließt.

3 Ablauf des Forschungsprojekts

Die Bearbeitung des Projekts wurde in folgenden Schritten durchgeführt:

- Einarbeitung in existierende Beschreibungsmodelle für Belegungselemente

Die bereits existierenden Modelle für die Beschreibung von Elementen in Bahnhöfen bzw. Knoten wurden einander gegenübergestellt und in Bezug auf die Eignung für den Projektkontext analysiert.

- Entwicklung eines Beschreibungsmodells für Belegungselemente

Aufbauend auf den Erkenntnissen der existierenden Infrastrukturmodelle wurde ein neues Modell zur Beschreibung der Belegungselemente erarbeitet. Dieses bezieht auch die Wechselwirkungen zwischen den einzelnen Belegungselementen mit ein.

- Einarbeitung in existierende Berechnungs- und Bewertungsansätze für die Knotenkapazität

Die bereits existierenden Modelle wurden analysiert, miteinander verglichen und in Bezug auf die Anwendbarkeit bei der Erstellung eines Bewertungsverfahrens für die Knotenkapazität geprüft.

- Entwicklung eines Ansatzes zur Berechnung der Knotenkapazität

Unter Berücksichtigung der vorhandenen Bewertungsverfahren für Strecken wurde ein Ansatz zur Berechnung der Kapazität von Bahnhöfen und Knoten entwickelt, welcher die streckenbezogenen Verfahren ergänzt. Dabei wurden die zu bewertenden Kenngrößen als Grundlage für Indikatoren, welche insbesondere Wechselwirkungen zwischen den einzelnen Belegungselementen und den Zusammenhang zwischen verschiedenen Kenngrößen berücksichtigen, zielführend festgelegt. Der Ansatz bildet die Grundlage für das Bewertungsverfahren der Knotenkapazität.

- Vorbereitung, Durchführung und Analyse einer Befragung

    Um Grundlagen für die Kalibrierung des neuen Verfahrens zu gewinnen, wurden Expertenbefragungen organisiert und analysiert. Im Rahmen der Projektbearbeitung wurde eine Befragung in Ulm Hbf durchgeführt und dazu Experten aus der Fahrdienstleitung des Stellwerks Ulm Hbf, der Betriebszentrale sowie weitere Sachkundige eingebunden (vgl. Anhang II).

- Kalibrierung des Bewertungsverfahrens für die Knotenkapazität

Aufbauend auf den Ergebnissen der Expertenbefragung wurde das entwickelte Verfahren zur Berechnung und Bewertung von Knoten kalibriert. Die Kalibrierung erfolgte auf der Basis repräsentativer Knoteninfrastrukturen und charakteristischer Betriebsprogramme und ergänzt damit methodisch die Erkenntnisse aus der vorangegangenen Befragung.

- Implementierung des Bewertungsverfahrens für die Knotenkapazität

Die im Rahmen des Projekts neu entwickelten Ansätze wurden zur rechnergestützten Anwendung softwareseitig umgesetzt, um die Bewertung von komplexen Knoten effektiv zu unterstützen. Dazu wurde das Verfahren in die für die DB Netz AG entwickelte Software PULEIV integriert, um die Möglichkeit zu erschließen, anhand realer Infrastrukturbeispiele das Bewertungsverfahren im Rahmen von Leistungsuntersuchungen praktisch anwenden zu können.

4   Allgemeingültige Leistungsuntersuchungen

Durch die Entwicklung des neuen Ansatzes für die Bewertung der Knotenkapazität werden die bisherigen makro- bzw. mesoskopisch ausgerichteten Leistungsuntersuchungen um eine belegungselementbezogene mikroskopische Betrachtung erweitert. Beschränkungen aufgrund der getrennten Bewertungen für Strecken und Knoten werden durch die allgemeingültigen Methoden der Leistungsuntersuchungen überwunden. In Kombination mit den bisherigen Untersuchungsmethoden und den neu entwickelten Verfahren können gegebene Infrastrukturen und Betriebsprogramme ohne Beschränkungen aus unterschiedlichen Aspekten zielführend bewertet werden.

Bestandteile von Leistungsuntersuchungen

Je nach Aufgabenstellung werden bei Leistungsuntersuchungen die Betriebsqualität und das **Leistungsverhalten** einer Infrastruktur unter Berücksichtigung eines bestimmten Betriebsprogramms betrachtet und erforderlichenfalls darüber hinaus durch eine **Engpassanalyse** ergänzt (Abbildung 4-1).

- **Leistungsverhalten des gesamten Untersuchungsraums**

  Als globaler Indikator für makroskopische bzw. mesoskopische Bewertungen des Leistungsverhaltens einer Infrastruktur (Untersuchungsraum) mit einem bestimmten Betriebsprogramm wird die globale Kenngröße „**optimaler Leistungsbereich**" verwendet. Bei Simulationsverfahren werden hierzu Fahrplansimulationen (Einfachsimulationen) für Fahrpläne mit variierenden Verdichtungsstufen durchgeführt. Aus den für verschiedene Belastungen erhaltenen Wartezeiten wird der optimale Leistungsbereich ermittelt. Das Ergebnis kennzeichnet die Leistungsfähigkeit eines Untersuchungsraums bei akzeptabler Betriebsqualität.

- **Betriebsqualität**

  Zur Bewertung der Betriebsqualität mittels Simulation werden konkrete Fahrpläne mit empirischen oder theoretischen Verspätungsverteilungen überlagert und dadurch die stochastischen Störeinflüsse des realen Betriebes abgebildet. Aus dem Verhältnis der in den Untersuchungsraum eingebrachten und der beim Verlassen des Untersuchungsraumes vorhandenen Verspätungssummen wird der Verspätungskoeffizient als globaler Indikator gebildet, aus dem hervorgeht, ob innerhalb des Untersuchungsraums Verspätungen ab- oder aufgebaut werden. Darüber hinaus können Zugfamilien gesondert entlang ihres Fahrtverlaufs betrachtet werden, indem der Verspätungsverlauf für diese Zugfamilien erfasst wird. Ein weiterer globaler Teilindikator der Betriebsqualität kann infrastruktur-bezogen ermittelt werden, wenn die Verspätungen an einzelnen Fahrzeitmess-punkten innerhalb des Untersuchungsraums berechnet werden. Der Ver-spätungskoeffizient entsteht als Ergebnis von Mehrfachsimulationen eines Fahrplans mit variierenden Störeinflüssen (Betriebssimulation). In praktischen Anwendungen lässt sich für einen Untersuchungsraum bei einem vorgegebe-nen konkreten Fahrplan bestimmen, welche Betriebsqualität das gesamte Sys-tem oder eine bestimmte Zugfamilie unter Berücksichtigung realer oder theore-tisch unterstellter Störeinflüsse erreichen kann.

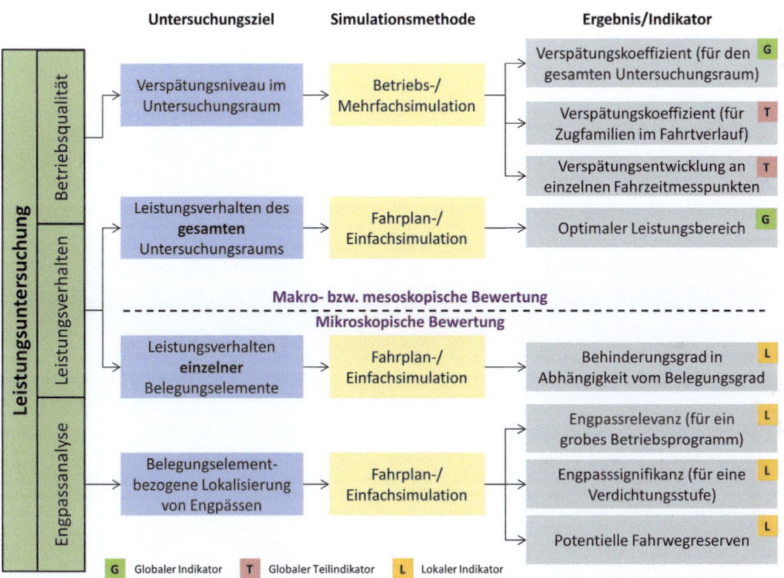

Abbildung 4-1:   Bestandteile, Ziele, Methoden und Ergebnisse von Leistungsuntersu-chungen

- **Leistungsverhalten einzelner Belegungselemente und Engpassanalyse**

Im Rahmen des Projekts wurden neue Methoden zur mikroskopischen Bewer-tung von Eisenbahnknoten entwickelt. Die beiden anerkannten Methoden zur Untersuchung des makroskopischen Leistungsverhaltens und der Betriebsquali-tät werden durch das Leistungsverhalten einzelner Belegungselemente (siehe

Kapitel 5.2.3) und die Engpassanalyse ergänzt, sodass eine Infrastruktur bis hin zur mikroskopischen Ebene gezielt bewertet werden kann. Mit Hilfe von Fahrplansimulationen (Einfachsimulationen) verdichteter Fahrpläne kann das Leistungsverhalten einzelner Belegungselemente eines konkreten Fahrplans oder einer Verdichtungsstufe bewertet werden. In der Engpassanalyse werden potentielle Engpässe für ein vorgegebenes Betriebsprogramm lokalisiert (**Engpassrelevanz**, siehe Kapitel 7.2.1) und hinsichtlich ihres tatsächlichen betrieblichen Einflusses bei einer bestimmten Verdichtungsstufe oder einem konkreten Fahrplan bewertet (**Engpasssignifikanz**, siehe Kapitel 7.2.2). Die mikroskopischen Indikatoren Engpassrelevanz und Engpasssignifikanz werden dabei elementgenau ermittelt. Als Anwendung dieser Ergebnisse werden vorhandene Reserven erkennbar.

5 Infrastrukturmodellierung

5.1 Bisherige Verfahren zur Infrastrukturmodellierung

Für die Lokalisierung von Engpässen in der mikroskopischen Betrachtung ist eine passende Unterteilung der Infrastruktur erforderlich, um dadurch die zu bewertenden Kenngrößen (Belegungs- und Behinderungsgrad) im gesamten Untersuchungsraum hinreichend detailliert ermitteln zu können. Bei analytischen Verfahren wird das Eisenbahnnetz durch Fahrstraßenknoten[6] und Gleisgruppen[7] als Netzelemente und deren Verbindungen modelliert. Eine solche grobe Modellierung ohne Unterteilung in feinere Belegungselemente kann nur für eine allgemeine Evaluation eines Eisenbahnnetzes verwendet werden und ist in der Praxis für eine detaillierte Ursachenbestimmung für Engpässe innerhalb der Infrastruktur nur eingeschränkt nutzbar. Aus diesem Grund wurde in [SCHWANHÄUßER, 1978] die Unterteilung der Gleisstruktur in Teilfahrstraßenknoten vorgeschlagen und in [WAKOB, 1984] weiterentwickelt. Ein Teilfahrstraßenknoten entspricht einer einkanaligen Bedienungsstelle in der Bedienungstheorie [POTTHOFF, 1962], in der sich alle Fahrten gegenseitig ausschließen. Es gibt verschiedene Algorithmen zur Abgrenzung von Teilfahrstraßenknoten, die unterschiedliche Ergebnisse liefern und deswegen die Bewertung der Infrastruktur erschweren. Eine detaillierte Analyse von Teilfahrstraßenknoten hinsichtlich der Verwendbarkeit bei der Bearbeitung dieses Projektes enthält Anhang II. In [VAKHTEL, 2002] wurde ein Verfahren zur infrastrukturbezogenen Abgrenzung von Teilfahrstraßenknoten entwickelt. Hier werden die Weichen in solchen Teilfahrstraßenknoten zusammengefasst, auf denen keine gleichzeitigen Fahrtmöglichkeiten mehrerer Züge existieren. Bei der Modellierung werden allerdings die Fahrtrichtungen auf einem Belegungselement nicht betrachtet, welche jedoch für die Engpassanalyse unter Berücksichtigung des Zusammenspiels von Infrastruktur und Betriebsprogramm hilfreich bzw. sogar zwingend erforderlich sind. Deshalb ist im Rahmen dieser Aufgabenstellung eine zielführend angepasste Unterteilung der zu untersuchenden Infrastruktur notwendig.

---

[6] Netzelemente, in denen mindestens eine Fahrt einer Strecke mit einer Fahrt einer anderen Strecke oder einer Fahrt der Gegenrichtung verkettet ist. [DB NETZ AG, 405 (2008)]

[7] Gleisbereiche zwischen Fahrstraßenknoten, in denen Haltevorgänge sowie planmäßige und außerplanmäßige Wartevorgänge stattfinden. [DB NETZ AG, 405 (2008)]

5.2   Neues Beschreibungsmodell der Infrastruktur

Weil Engpässe in Knoten nur in Zusammenwirkung von Infrastruktur und Betriebsprogramm entstehen, sollen Leistungsuntersuchungen für Knoten nicht nur beschränkt auf die Belegung der Infrastruktur sondern richtungsbezogen auch abhängig von der Belegung der einander im Fahrtverlauf folgenden Belegungselemente und den dort entstehenden behinderungsbedingten Wartezeiten algorithmiert werden. Aus diesem Grund wird im Rahmen dieses Projekts ein über den aktuellen Stand hinausgehendes, zielorientiertes Beschreibungsmodell zur Unterteilung der Infrastruktur in Kombination mit den Fahrtrichtungen entwickelt. In den folgenden Abschnitten werden die Bestandteile des Beschreibungsmodells, **Fahrwegkomponente** und **Basisstruktur**, vorgestellt.

5.2.1   Grundkonzept

Das neue Beschreibungsmodell modelliert eine Infrastruktur auf **zwei Ebenen**:

Die Modellierung der richtungsbezogenen Fahrwege, die aus gerichteten Fahrwegabschnitten (Fahrwegkomponenten - die farbigen Pfeile in Abbildung 5-1) bestehen.

Die fahrwegunabhängige Unterteilung der Infrastruktur in Belegungselemente. (Basisstrukturen - die farbigen Kästchen in Abbildung 5-1)

Durch die Überlagerung der zwei Ebenen (siehe Abbildung 5-1) werden bei Leistungsuntersuchungen Belegungen auf den Belegungselementen und die darauf auftretenden Behinderungen aller Fahrtmöglichkeiten vollständig, hinreichend detailliert und fahrtrichtungsselektiv berücksichtigt.

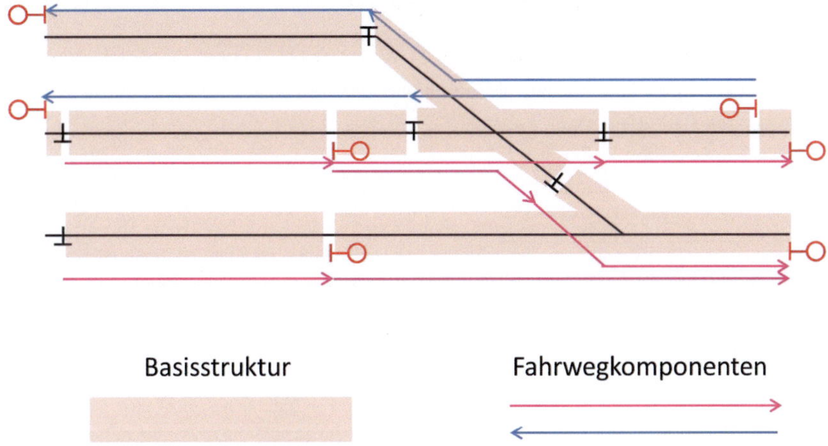

Basisstruktur   Fahrwegkomponenten

Abbildung 5-1: Infrastrukturmodellierung auf zwei Ebenen

5.2.2   Das Belegungselement Fahrwegkomponente

Zur Bestimmung der Belegungen und der behinderungsbedingten Wartezeiten auf einem Belegungselement liegen alle Zugfahrten, die das betreffende Belegungselement befahren, zu Grunde. Der Fahrweg wird dabei in Abschnitte zerlegt, auf denen sich die Belegung für eine Zugfahrt nicht ändert. Ein solches kleinstes Belegungselement wird im neuen Beschreibungsmodell als **Fahrwegkomponente** bezeichnet.

5.2.2.1 Definition Fahrwegkomponente

Eine Fahrwegkomponente ist ein zusammenhängender Teil der befahrbaren Infrastruktur (z. B. Fahrstraße, ggf. auch Fahrtabschnitte bis zum nächsten Zielsignal), der als gerichtetes Belegungselement gesondert aufgelöst werden kann.

5.2.2.2 Eigenschaften und Beispiele für Fahrwegkomponenten

Jede Fahrwegkomponente kann zu einem bestimmten Zeitpunkt nur maximal von einem Zug mit erfüllbarem Belegungswunsch angefordert werden. Fahrstraßenabschnitte mit Teilfahrstraßenauflösung werden in diesem Sinne als Fahrwegkomponenten betrachtet. Unterschiedliche Fahrwegkomponenten können sich überlagern. Der Fahrweg jedes Zuges kann als ein gerichteter Graph durch Aneinanderreihung von Fahrwegkomponenten abgebildet werden. Nach der Definition wird eine Fahrwegkomponente durch Infrastrukturobjekte, wie Hauptsignale und Fahrstraßenzugschlussstellen, an denen die Fahrstraße ganz oder teilweise aufgelöst wird, abgegrenzt.

In der folgenden Abbildung werden die Fahrwegkomponenten der Infrastruktur eines kleinen Beispiels als farbige Pfeile gezeigt.

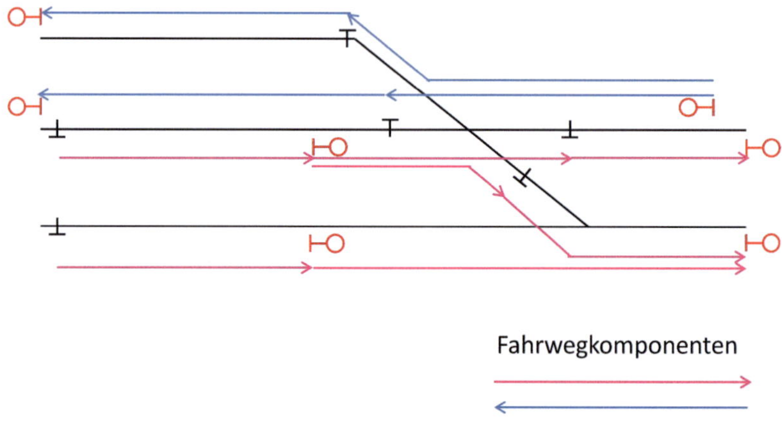

Abbildung 5-2: Modellierung der Fahrwegkomponenten in einem Beispiel

5.2.3   Das Belegungselement Basisstruktur

Um die Kapazität eines Eisenbahnknotens zu bewerten und Engpässe zu erkennen, muss die komplexe Infrastruktur zusätzlich in fahrtrichtungsunabhängige (d.h. ungerichtete) Belegungselemente unterteilt werden. Die Bewertung der gesamten Infrastruktur oder auch nur bestimmter Teilbereiche erfolgt durch eine gezielte Zusammenfassung der Bewertungsergebnisse aller bzw. der betreffenden Belegungselemente. Der entscheidende Punkt bei Leistungsuntersuchungen von Knoten mit Simulationsverfahren ist die problemorientierte Unterteilung der Infrastruktur, die einerseits die Ermittlung des Leistungsverhalten der einzelnen Belegungselemente gestattet, und andererseits eine automatische rechnergestützte Strukturierung der Infrastruktur erlaubt.

In [WEIGAND, 2010] werden folgende wichtigen Aufgaben der Leistungsuntersuchung von Knoten angesprochen:

- Darstellung der Grundstruktur der Knoten unabhängig vom derzeitigen Betriebsprogramm
- Darstellung der derzeitigen und zukünftigen Belastung der Knoten
- Erkennung der Engpässe und Verstehen der Probleme

Für diese Zwecke soll die Infrastruktur betriebsprogrammunabhängig in Belegungselemente unterteilt werden, die zur Ermittlung der zu bewertenden Kenngrößen (im Rahmen dieses Projekts der Belegungsgrad und der Behinderungsgrad) nicht weiter zerlegbar sind.

5.2.3.1 Definition Basisstruktur

Eine Basisstruktur ist ein zusammenhängender Teil der befahrbaren Infrastruktur, der als ungerichtetes Belegungselement in allen Richtungen durch

- das nächstliegende Signal,
- die nächstliegende Signalzugschlussstelle,
- die nächstliegende Fahrstraßenzugschlussstelle (das sind auch die Zugschlussstellen der Teilfahrstraßenauflösung) oder
- den Rand des Untersuchungsraums

begrenzt wird.

5.2.3.2 Eigenschaften und Beispiele für Basisstrukturen

Bei der mikroskopischen Betrachtung der Infrastruktur ergibt sich eine eindeutige Einteilung in Basisstrukturen, wenn die Infrastruktur an jedem Signal, an jeder Signalzugschlussstelle und an jeder Fahrstraßenzugschlussstelle unterteilt wird. Im Allgemeinen wird bei der Definition der Basisstruktur jedoch nicht gefordert, dass an jedem Signal bzw. jeder Zugschlussstelle abgetrennt wird, um eine Anwendbarkeit auch bei meso- oder makroskopischen Untersuchungen zu gewährleisten. Eine Basisstruktur kann von einer oder mehreren Fahrwegkomponenten überdeckt werden. Basisstrukturen sind infrastrukturbezogen ungerichtet; sie sind weder von Betriebsprogrammen noch von Fahrstraßen abhängig.

In Abbildung 5-3 ist die Infrastruktur eines kleinen Bahnhofs in Basisstrukturen unterteilt. Die Abgrenzung ist unabhängig von den Fahrtrichtungen. Der Suchvorgang für die Abgrenzung der Basisstrukturen kann an jedem beliebigen Infrastrukturobjekt beginnen (vgl. Abgrenzung der Teilfahrstraßenknoten im Anhang II).

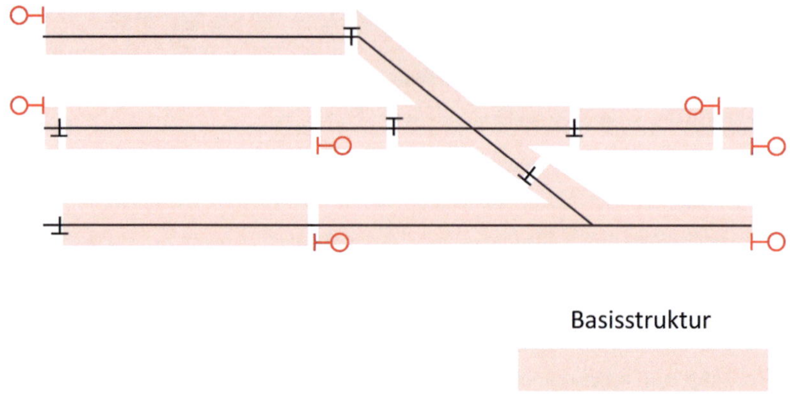

Abbildung 5-3: Modellierung der Basisstrukturen in einem Beispiel

5.2.4　Zusammenhang zwischen Fahrwegkomponenten und Basisstrukturen

In Abschnitt 5.2.2 und 5.2.3 ist das Konzept des neuen Beschreibungsmodells auf den zwei Modellierungsebenen, Fahrwegkomponente und Basisstruktur, vorgestellt worden. Die Notwendigkeit der Einführung der beiden Begriffe lässt sich zusammengefasst wie folgt begründen:

- Durch die Modellierung mit Fahrwegkomponenten werden alle Fahrtmöglichkeiten und Fahrtkombinationen abgedeckt, was die Vollständigkeit und die Genauigkeit der Berechnungsergebnisse gewährleistet.

- Durch die Modellierung mit Basisstrukturen lässt sich eine gegebene Infrastruktur betriebsprogrammunabhängig und eindeutig aufteilen.

- Durch die Überlagerung der beiden Modellierungsebenen ergibt sich der Belegungsgrad und Behinderungsgrad einer Basisstruktur aus den Ergebnissen des zeitlichen Verlaufs der Belegungswünsche auf den dazu gehörenden Fahrwegkomponenten.

- Die Kombination von Fahrwegkomponenten und Basisstrukturen erweitert die Anwendungsgebiete der Leistungsuntersuchung und schafft insbesondere die Grundlage für eine zielgerichtete Analyse der Ursache von Engpässen.

5.2.5　Vergleich von Basisstrukturen und Teilfahrstraßenknoten

Im Beispiel der Abbildung 5-4 werden die unterschiedlichen Beschreibungsmodelle der Infrastruktur mit Teilfahrstraßenknoten und mit der in diesem Vorhaben zu entwickelnden Methode vergleichend dargestellt[8]. Die Teilfahrstraßenknoten werden durch die farbigen Bereiche im oberen Teil der Abbildung beschrieben, welche die Weichen gemäß den Regeln aus [VAKHTEL, 2002] zusammenfassen. Das im Rahmen des Projekts entwickelte Beschreibungsmodell modelliert die Infrastruktur durch Basisstrukturen ohne Fahrtrichtungsbezug (die farbigen Bereiche im unteren Teil der Abbildung) und fahrtrichtungsbezogene Fahrwegkomponenten.

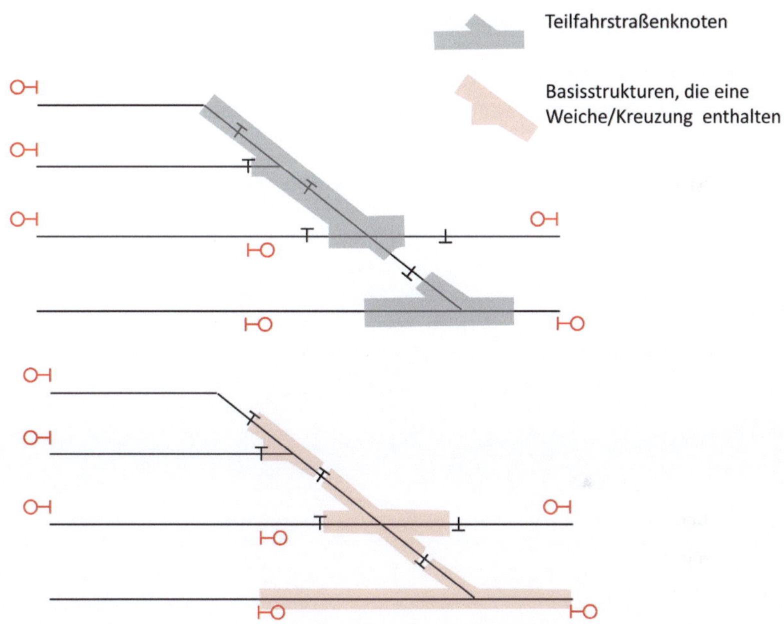

Abbildung 5-4: Vergleich von Basisstrukturen und Teilfahrstraßenknoten

[8] Eine ausführliche Analyse der Modellierung von Teilfahrstraßenknoten zur vergleichenden Gegenüberstellung mit dem neuen Ansatz und weitere Beispiele enthält Anhang II.

5.2.6 Vergleich von Basisstrukturen und Gleisgruppen

Bei derzeitigen analytischen Leistungsuntersuchungen für Knoten beschränkt sich die Bewertung für Bahnhofsgleise lediglich auf eine Gleisgruppe[9], die die Gleise in einem Bahnhof in einer Gruppe bündelt (der durch die blauen Strichlinien umgegebene Bereich in Abbildung 5-5). Bei analytischen Leistungsuntersuchungen wird die ganze Gleisgruppe zusammen betrachtet und bewertet. Überlastete und nicht ausgenutzte Gleise können nicht unterschiedlich behandelt werden, weil die Wahrscheinlichkeit der Einfahrt in alle Gleise bei ansonsten identischen Rahmenbedingungen gleich ist.

Mit dem neuen Beschreibungsmodell kann jedes Gleis als Basisstruktur getrennt modelliert und dadurch individuell bewertet werden. Durch die Modellierung mit Basisstrukturen sind die Berechnungs- und Bewertungsverfahren für Weichenbereiche und Gleisbereiche identisch und die Notwendigkeit einer gesonderten Betrachtung entfällt.

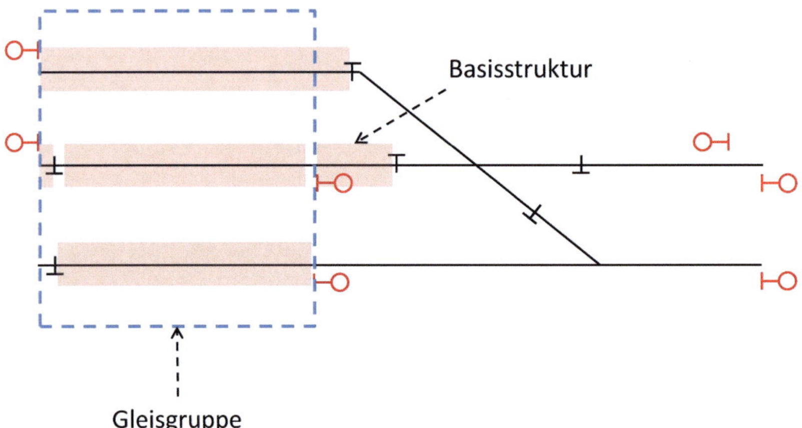

Abbildung 5-5: Vergleich von Basisstrukturen und Gleisgruppen

---

[9] Als Gleisgruppe wird der Anlagenteil eines Knotens zwischen Fahrstraßenknoten verstanden, der die Bahnsteig-, Durchfahr- und Überholungsgleise sowie die Behandlungsgleise umfasst, in denen Haltevorgänge sowie planmäßige und außerplanmäßige Wartevorgänge stattfinden (Wartepositionen). [DB NETZ AG, 405 (2008)]

5.3 Vorteile des neuen Beschreibungsmodells

Das im Rahmen des Projekts entwickelte Beschreibungsmodell der Infrastruktur bringt folgende Vorteile mit sich:

- Die Modellierung der Infrastruktur auf zwei Ebenen (Fahrwegkomponente und Basisstruktur) ermöglicht mikroskopische Leistungsuntersuchungen aus verschiedenen Aspekten für unterschiedliche Ziele auch für einzelne Belegungselemente.

- Das Beschreibungsmodell deckt die gesamte Infrastruktur lückenlos ab.

- Mit dem Verfahren kann eine Infrastruktur eindeutig aufgeteilt werden, wodurch eine rechnergestützte Automatisierung der Modellierung möglich ist.

- Mit dem Beschreibungsmodell können die Berechnungs- und Bewertungsverfahren sowohl für Strecken als auch für Knoten verwendet werden.

- Nach Bedarf und Aufgabenstellung können die Bewertungsergebnisse der hier eingeführten Belegungselemente (Fahrwegkomponenten und Basisstrukturen) auch flexibel den Belegungselementen anderer Infrastrukturmodelle (z. B. Fahrstraßenknoten und Gleisgruppen) zugeordnet werden.

6 Bewertungsverfahren für das mikroskopische Leistungsverhalten

Um die Betriebsqualität zu bewerten ist eine klare Definition der Qualitätsstufen (Kategorien) und der zu bewertenden Kenngrößen notwendig. In Abschnitt 6.1 werden die Qualitätsstufen, die später bei der Bewertung als Maßstab anzuwenden sind, genau erläutert. Die detaillierte Berechnungsmethode der Kenngrößen wird im Abschnitt 6.2 beschrieben. Im letzten Abschnitt 6.3 dieses Kapitels werden die Zuordnungsmethoden zwischen Kenngrößen und Qualitätsstufen dargestellt und verglichen.

6.1 Qualitätsmaßstäbe und Qualitätsstufen

Zur Bewertung der Betriebsqualität bei Leistungsuntersuchungen werden in den Regelwerken, z. B. [DB NETZ AG, 405 (2008)], Qualitätsmaßstäbe und Qualitätsstufen angegeben. Diese wurden zusammen mit methodischen Ansätzen durch umfangreiche Untersuchungen sowie praktischen Erfahrungen abgeleitet. Die Entwicklung der Qualitätsstufen wird in Abbildung 6-1 gezeigt.

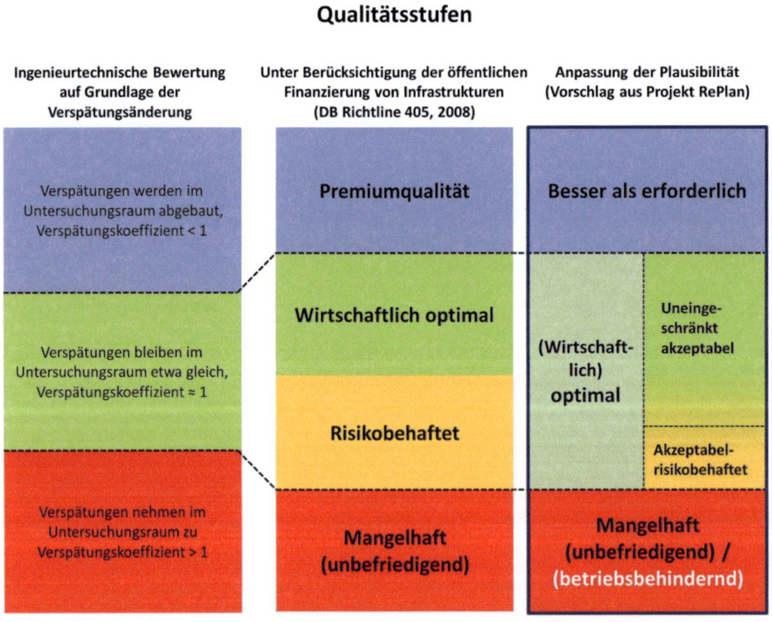

Abbildung 6-1: Entwicklung der Qualitätsstufen bei Leistungsuntersuchungen

- **Ingenieurtechnische Bewertung auf Grundlage der Verspätungsänderung**

Ihren Ausgang nimmt die Entwicklung der Qualitätsmaßstäbe mit der Beurteilung der Betriebsqualität anhand des Verspätungsniveaus (Verspätungskoeffizient[10]), die auch in der bis zum Jahr 2007 geltenden DB Richtlinie 405 [DB NETZ AG, 405 (1999)] zu Grunde lag. Dabei wird die Betriebsqualität in drei Qualitätsstufen unterteilt (vgl. linke Spalte in Abbildung 6-1). Eine solche Einstufung beruht lediglich einseitig auf ingenieurtechnischen Aspekten, wobei die erwartete Betriebsqualität erreicht werden soll, ohne wirtschaftliche Erkenntnisse explizit zu berücksichtigen. Auf Grund der ungenauen Abgrenzung der Verspätungskoeffizienten (< 1, > 1, oder $\approx$ 1) ist die Beurteilung der Betriebsqualität in der Praxis schwierig. Der ungenaue Übergang zwischen den Bereichen „guter" (Verspätungskoeffizient < 1) und „unbefriedigender" bzw. „mangelhafter" (Verspätungskoeffizient > 1) Betriebsqualität erschwert die Einstufung einer „befriedigenden" Betriebsqualität (Verspätungskoeffizient $\approx$ 1).

- **DB Richtlinie 405 ab dem Jahr 2008** [DB NETZ AG, 405 (2008)]

Aus den oben genannten Gründen wurden die Qualitätsstufen in der aktuellen, ab 2008 geltenden DB Richtlinie 405 verfeinert und unter Berücksichtigung der rechtlichen Vorgaben zur Finanzierung von Infrastrukturen durch die öffentliche Hand in die vier Stufen „Premiumqualität", „wirtschaftlich optimal", „risikobehaftet" und „mangelhaft" unterteilt. Bei Leistungsuntersuchungen wird die Betriebsqualität anhand entsprechender Qualitätsmaßstäbe in diese vier Qualitätsstufen eingeordnet. Die höchste Qualitätsstufe „Premiumqualität" spiegelt allerdings lediglich eine sehr niedrige Auslastung der Infrastruktur wider. Unter wirtschaftlichen Gesichtspunkten gesehen ist dies nachteilig und deutet auf schlecht ausgelastete Infrastrukturen hin. Es ist deswegen nicht plausibel, eine solche Betriebsqualität, die nur durch die Verschwendung der Infrastrukturressourcen zu erlangen ist, als „Premiumqualität" zu bezeichnen.

---

[10] Verspätungskoeffizienten sind ein Maß der Betriebsqualität des Schienennetzes in Abhängigkeit von Infrastruktur, Fahrplan und Ur- bzw. Einbruchsverspätungen. Die Verspätungskoeffizienten errechnen sich aus dem Quotienten der Ausgangsverspätung (Ausbruchsverspätung + Endverspätung) und der Eingangsverspätung (Einbruchsverspätung + Urverspätung).

- **Vorschlag im Rahmen dieses Projekts zur Anpassung der Plausibilität**

Um die Plausibilität der aktuellen Qualitätsstufen bei Leistungsuntersuchungen zu erhöhen, wird im Rahmen dieses Projekts ein Vorschlag für eine neue Einordnung der Qualitätsstufen eingebracht (siehe Abbildung 6-1). Die Qualitätsstufe „Premiumqualität" wird dabei durch die Bezeichnung „besser als erforderlich" ersetzt, da eine Betriebsqualität, die wesentlich höher als benötigt ist, in der Praxis wegen fehlender Wirtschaftlichkeit vermieden werden sollte und darüber hinaus auch den derzeit gültigen Grundsätzen beim Einsatz öffentlicher Mittel widerspricht.

Der Erfahrung nach sind die Qualitätsstufen „wirtschaftlich optimal" und „risikobehaftet" bei Leistungsuntersuchungen bislang noch nicht eindeutig gegeneinander abgegrenzt. Genau betrachtet ist der risikobehaftete Bereich Bestandteil des wirtschaftlich optimalen Bereichs am Übergang zum mangelhaften Bereich und umfasst nach empirischen Erfahrungen ca. ein Viertel bis ein Drittel des gesamten wirtschaftlich optimalen Bereichs. Aus diesem Grund wird vorgeschlagen, die beiden aktuellen Qualitätsstufen „wirtschaftlich optimal" und „risikobehaftet" in eine Qualitätsstufe „(wirtschaftlich) optimal" zu integrieren. Somit ergeben sich innerhalb der Qualitätsstufe „(wirtschaftlich) optimal" die zwei Teilbereiche „uneingeschränkt akzeptabel" und „akzeptabel risikobehaftet".

Diese Unterteilung wirkt darüber hinaus bei einer praxisorientierten Herangehensweise vorteilhaft, weil die regelmäßig systematisch vorhandene scharfe Abgrenzung im Bereich „(wirtschaftlich) optimal" im Modell abgemildert wird. Da jedem Modell gewisse Vereinfachungen eigen sind, die nur durch einen unverhältnismäßig hohen Aufwand zu beseitigen wären, lässt sich durch die gewählte Unterteilung im konkreten Fall vermeiden, dass Untersuchungsergebnisse eine praxisferne Genauigkeit vortäuschen.

- **Qualitätsstufen bei mikroskopischen Leistungsuntersuchungen**

Die bisher diskutierten Qualitätsstufen beschreiben die Betriebsqualität bei globaler Betrachtung des gesamten Untersuchungsraums. Im Vergleich zur makroskopischen Bewertung eignet sich die Bezeichnung der Qualitätsstufe „mangelhaft" nicht für die mikroskopische Bewertung, deren Untersuchungsziel die Bewertung der Betriebsqualität einzelner Belegungselemente (Basisstrukturen) ist. Begründet wird dies dadurch, dass einzelne Belegungselemente (Basisstrukturen), die eine relativ schlechte lokale Betriebsqualität aufweisen, nicht zwangsläufig großen Einfluss auf die gesamte Betriebsqualität haben müssen. So kann beispielsweise eine einzelne Basisstruktur durchaus eine äußerst schlechte Betriebsqualität aufweisen, ohne dass dies nennenswerten betrieblichen Einfluss zeigt. Die negativen Wirkungen können im weiteren Fahrtverlauf unmittelbar durch Reservezeiten kompensiert werden. Darüber hinaus ist zu beachten, dass Basisstrukturen oftmals selbst keine Fahrzeitmesspunkte enthalten, so dass eine Referenzierung einzelner Belegungselemente in der Mikrobetrachtung gar nicht möglich ist. Es wäre nun widersprüchlich, solche Belegungselemente generell als „mangelhaft" bei einer insgesamt guten Betriebsqualität zu bezeichnen.

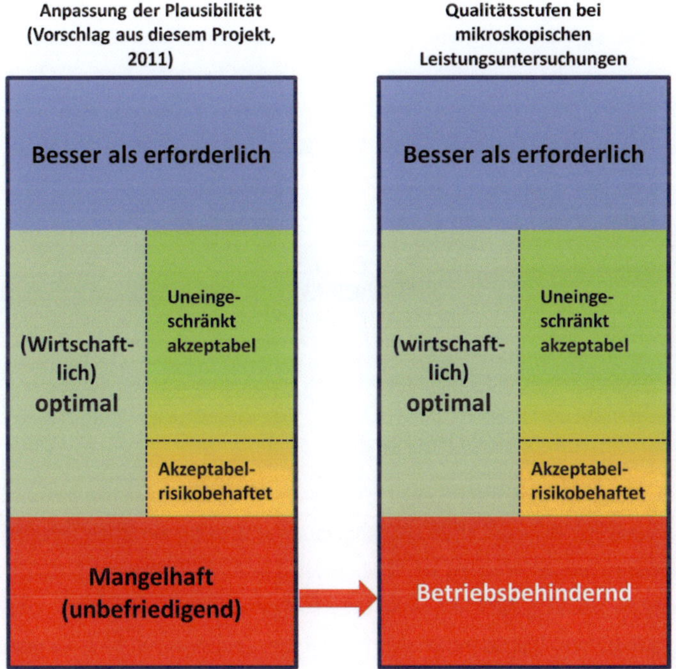

Abbildung 6-2: Anpassung der Bezeichnung der Qualitätsstufen bei mikroskopischen Leistungsuntersuchungen im Detaillierungsgrad einzelner Belegungselemente

Aus diesem Grund werden die Qualitätsstufen für mikroskopische Bewertungen von Knoten ebenfalls angepasst. Die Belegungselemente mit lokal schlechter Betriebsqualität werden als **„betriebsbehindernd"** bezeichnet, da diese die gesamte Betriebsqualität des Untersuchungsraums in bestimmtem Umfang beeinträchtigen und den flüssigen Betrieb behindern können.

6.2 Vorhandene Kenngrößen bei Leistungsuntersuchungen

6.2.1 Kategorisierung der Kenngrößen

Es gibt verschiedene Kenngrößen, die das Leistungsverhalten der Infrastruktur unter verschiedenen Aspekten quantitativ erfassen und deren Wirkung als Indikator zur Bewertung des Leistungsverhaltens genutzt werden kann. Die Indikatoren können dabei aus einer oder mehreren Kenngrößen abgeleitet werden. In manchen Fällen dienen Kenngrößen selbst als Indikator, wenn sie unmittelbar zur Bewertung des Leistungsverhaltens weiterverwendet werden können (z. B. optimaler Leistungsbereich). In [DB NETZ AG, 405 (2008)] und [SCHWANHÄUßER, 2007] werden die Kenngrößen in Leistungsuntersuchungen folgendermaßen (siehe Tabelle 6-1) kategorisiert:

Kategorien	Kenngrößen
Leistung	Leistungsfähigkeit, Optimaler Leistungsbereich
Infrastruktur	Belegungsgrad, Behinderungsgrad
Qualität	Wartezeit, Pünktlichkeitsgrad
Wirtschaftlichkeit	Produktivität, Transportimpulsdifferenz

Tabelle 6-1:   Kategorisierung der Kenngrößen

6.2.2 Infrastrukturbezogenen Kenngrößen

Bei der Untersuchung des optimalen Leistungsbereichs wird für einen Untersuchungszeitraum die Anzahl der in einem Untersuchungsraum verarbeitbaren Züge unter Einhaltung bestimmter Qualitätskriterien ermittelt. Diese Leistungskenngröße beschreibt die makroskopische Leistungsfähigkeit eines Untersuchungsraums bei einem vorgegebenen Betriebsprogramm. Die Kenngröße „optimaler Leistungsbereich" wird als globaler Indikator oft in der Infrastrukturvorplanung eingesetzt. Der optimale Leistungsbereich ist jedoch für eine gezielte mikroskopische Bewertung eines Knotens nicht geeignet, da eine genaue Lokalisierung der Schwachstellen und Reserven innerhalb der Infrastruktur nicht möglich ist. Um eine mikroskopische Bewertung zu ermöglichen, werden im Rahmen des Projekts die infrastrukturbezogenen Kenngrößen **Belegungsgrad** und **Behinderungsgrad** verwendet.

Der **Belegungsgrad** bezeichnet den zeitlichen Anteil der Belegung eines Belegungselements (im Rahmen des Projekts ist das Belegungselement eine Fahrwegkomponente oder eine Basisstruktur) innerhalb eines Untersuchungszeitraums [DB NETZ AG, 405 (2008)].

Wenn eine Fahrwegkomponente oder Basisstruktur angefordert wird, diese aber zu diesem Zeitpunkt durch eine andere Fahrt belegt ist, kann die Anforderung nicht sofort erfüllt werden und es entsteht eine Behinderung[11]. Der **Behinderungsgrad** beschreibt den zeitlichen Anteil der auf einem Belegungselement auftretenden behinderungsbedingten Wartezeit innerhalb eines Untersuchungszeitraums.

Die Integration von infrastrukturbezogenen Kenngrößen in andere Kenngrößen, z. B. Leistungskenngrößen und Qualitätskenngrößen kann die Leistungsuntersuchungen für die Knotenkapazität vervollständigen. Ein derartiger, in diesem Projekt verfolgter Ansatz wird nachfolgend darstellt.

6.2.3 Zusammenwirken der Kenngrößen bei der Bewertung

Werden infrastrukturbezogene Kenngrößen für die Leistungsuntersuchung von Knoten zu Grunde gelegt, stellt sich die Frage, wie diese zur Bildung von Indikatoren für das Leistungsverhalten der Infrastruktur genutzt werden können. Bisher wird die Kenngröße **Belegungsgrad** bei manchen Untersuchungsmethoden als ein Qualitätsmaßstab verwendet, dessen Wert der entsprechenden Qualitätsstufe zugeordnet wird. Allerdings werden bei dieser Betrachtung nicht die Wirkungen durch auftretende Behinderungen berücksichtigt. Wenn im realen Betrieb zwei Belegungselemente den gleichen Belegungsgrad besitzen, jedoch auf einem Element mehr Behinderungen auftreten, weisen beide Elemente dennoch nicht die gleiche Betriebsqualität auf.

Zur Bewertung des Verhältnisses von Belegungsgrad und Behinderungsgrad kann eine Vier-Felder-Tafel (siehe als Beispiel Abbildung 6-3) angewendet werden, wobei jedes Feld gemäß des Verhältnisses der zwei Merkmale eine definierte Betriebsqualität aufweist. Gemäß dem Zusammenhang der infrastrukturbezogenen Kenngrößen wird die

---

[11] Definition in [DB NETZ AG, 405 (2008)]: Behinderungen im Sinne dieser Richtlinie entstehen, wenn an einem Fahrwegelement (Bedienungsstelle) zu einem Zeitpunkt mehr Anforderungen als Fahrtmöglichkeiten (Bedienungskanäle) vorliegen und deshalb eine Forderung nicht sofort erfüllt werden kann.

Vier-Felder-Tafel folgendermaßen maßnahmenorientiert aufgeteilt (siehe Abbildung 6-3):

- **Feld 1: Hoher Behinderungsgrad trotz niedrigem Belegungsgrad**

  Wenn auf einem Belegungselement viele Behinderungen bei einer geringen Belastung auftreten, könnte das Problem ein nicht geeignetes Betriebsprogramm sein. Um die tatsächlichen Ursachen zu erkennen, sollte zunächst das Betriebsprogramm untersucht werden.

- **Feld 2: Niedriger Belegungsgrad und niedriger Behinderungsgrad**

  In diesem Fall wird ein Belegungselement wenig benutzt, deshalb treten dort wenige Behinderungen auf. Dies bedeutet, dass die Kapazität des Belegungselements nicht vollständig ausgenutzt ist und im entsprechenden Betriebsprogramm möglicherweise noch Reserven existieren.

- **Feld 3: Hoher Belegungsgrad und hoher Behinderungsgrad**

  In diesem Fall ist das Belegungselement überlastet. Dies führt zu einer großen Anzahl von Behinderungen. Da es in diesem Fall keine Reserven im Betriebsprogramm gibt, ist das Belegungselement störungsanfällig.

- **Feld 4: Niedriger Behinderungsgrad trotz hohem Belegungsgrad**

  Im Idealfall ist ein Belegungselement stark ausgelastet, ohne dass viele Behinderungen auftreten.

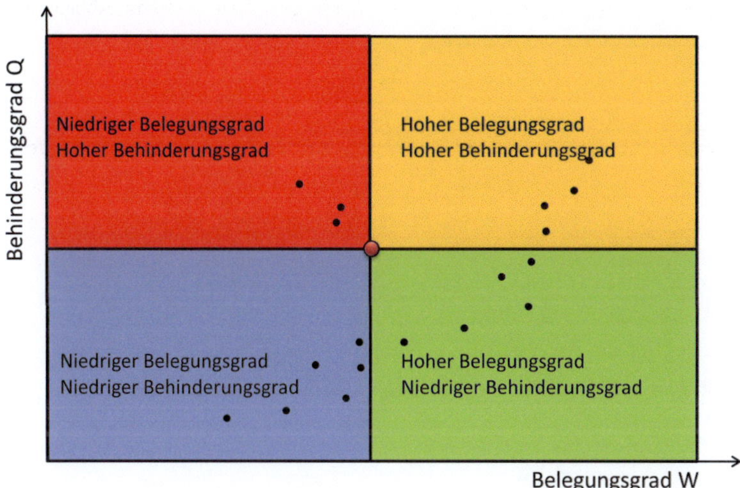

Abbildung 6-3: Infrastrukturbezogene Kenngrößen – Belegungsgrad und Behinderungsgrad

Jeder Punkt in der beispielhaften Abbildung 6-3 stellt die zwei Kenngrößen (Belegungsgrad und Behinderungsgrad) einer Basisstruktur dar. Die Betriebsqualität der Basisstruktur lässt sich anhand des Feldes, in dem der Punkt liegt, ablesen. Darum besteht die zentrale Frage bei der Bewertung der Betriebsqualität mit der Vier-Felder-Tafel darin, wie die vier Felder aufgeteilt werden und welche Betriebsqualität sie ausweisen. Im Abschnitt 6.3 werden Methoden zur Einteilung der Bewertungsfelder und der Betriebsqualität vorgestellt.

6.2.4   Berechnungsalgorithmen

6.2.4.1 Berechnung des Belegungsgrades

Belegungsgrad einer Fahrwegkomponente

Im Rahmen des Projekts wird in einem komplexen Knoten die Belegungszeit einer Fahrwegkomponente aus der Summe der Fahrstraßenbelegungszeiten berechnet. Der Belegungsgrad einer Fahrwegkomponente ist definiert als der zeitliche Anteil der Belegungszeit innerhalb des Auswertezeitraums.

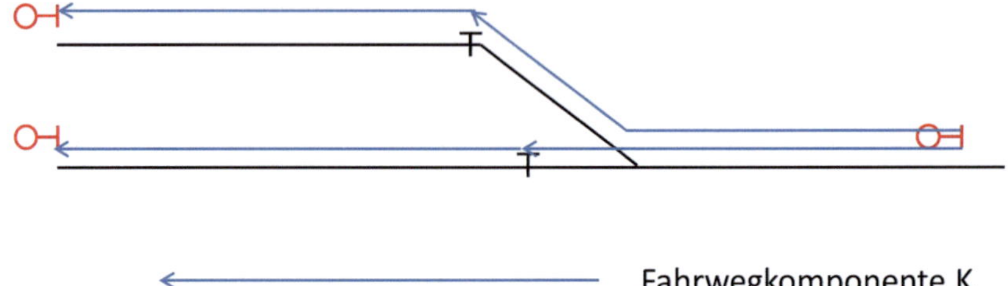

Abbildung 6-4: Beispiel der Fahrwegkomponenten eines Infrastrukturabschnitts

Belegungszeit einer Fahrwegkomponente K, die im Auswertezeitraum von n Zügen befahren wird:

$$B_K = \sum_{i=1}^{n} \left(T_{\text{Fahrstraßeende,ist,i}} - T_{\text{Fahrstraßeanfang,ist,i}} \right) \qquad (\,6\text{-}1\,)$$

Belegungsgrad einer Fahrwegkomponente K: $W_K = \dfrac{B_K}{Z}$

Dabei sind:

$T_{\text{Fahrstraßeende,ist,i}}$	Endzeitpunkt der tatsächlichen Sperrzeit der Fahrwegkomponente K für den i-ten Zug
$T_{\text{Fahrstraßeanfang,ist,i}}$	Anfangszeitpunkt der tatsächlichen Sperrzeit der Fahrwegkomponente K für den i-ten Zug
Z	Auswertezeitraum
n	Anzahl der Züge, deren Fahrweg die Fahrwegkomponente K enthält

Belegungsgrad einer Basisstruktur

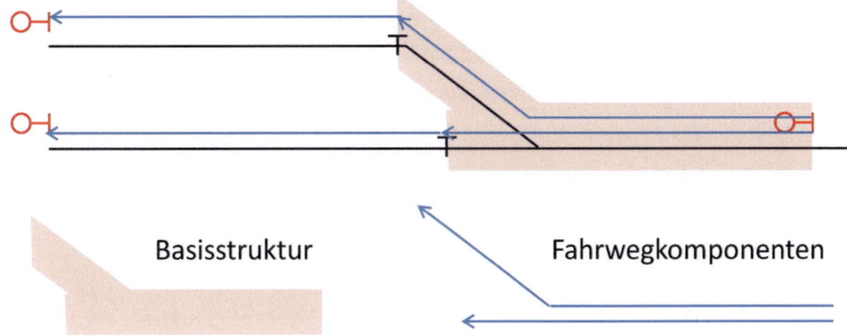

Abbildung 6-5:   Beispiel für Basisstrukturen und Fahrwegkomponenten

Die Belegungszeit einer Basisstruktur ist die Summe der Belegungszeiten aller Fahrwegkomponenten $B_1, B_2, ..., B_m$, die diese Basisstruktur überdecken.

Belegungszeit einer Basisstruktur S:

$$B_S = \sum_{k=1}^{m} B_k \qquad\qquad (6\text{-}2)$$

Belegungsgrad einer Basisstruktur S:

$$W_S = \frac{B_S}{Z} \qquad\qquad (6\text{-}3)$$

Dabei sind:

B_k Belegungszeit der k-ten Fahrwegkomponente

Z Auswertezeitraum

m Anzahl aller Fahrwegkomponenten, die die Basisstruktur S überdecken

6.2.4.2 Berechnung des Behinderungsgrades

Behinderungsgrad einer Fahrwegkomponente

Zur Berechnung der Behinderungszeit eines Zuges auf einer Fahrwegkomponente wird die Differenz aus der Ist- und der Soll-Belegungszeit gebildet. Die Behinderungszeit ist gleich dieser Differenz, falls sie positiv ist. Ansonsten wird sie zu Null gesetzt. D.h., die Behinderungszeit H_K einer Fahrwegkomponente K, welche im Auswertezeitraum von n Zügen befahren wird, ist gegeben durch

$$H_K = \sum_{i=1}^{n} \left(S_{\text{ist,i}} - S_{\text{soll,i}} \right)_+ \tag{6-4}$$

wobei

$$S_{\text{ist,i}} = T_{\text{Fahrstraßeende,ist,i}} - T_{\text{Fahrstraßeanfang,ist,i}}, \tag{6-5}$$

$$S_{\text{soll,i}} = T_{\text{Fahrstraßeende,soll,i}} - T_{\text{Fahrstraßeanfang,soll,i}}, \tag{6-6}$$

$$(x)_+ = \max(x, 0). \tag{6-7}$$

Dabei bezeichnen:

$S_{\text{ist,i}}$	tatsächliche Sperrzeit der Fahrwegkomponente K für den i-ten Zug
$S_{\text{soll,i}}$	planmäßige Sperrzeit der Fahrwegkomponente K für den i-ten Zug
$T_{\text{Fahrstraßeanfang,ist,i}}$	Anfangszeitpunkt der tatsächlichen Sperrzeit der Fahrwegkomponente K für den i-ten Zug
$T_{\text{Fahrstraßeanfang,soll,i}}$	Anfangszeitpunkt der planmäßigen Sperrzeit der Fahrwegkomponente K für den i-ten Zug
$T_{\text{Fahrstraßeende,ist,i}}$	Endzeitpunkt der tatsächlichen Sperrzeit der Fahrwegkomponente K für den i-ten Zug

$T_{\text{Fahrstraßeende,soll,i}}$ Endzeitpunkt der planmäßigen Sperrzeit der Fahrwegkomponente K für den i-ten Zug

n Anzahl aller Züge, deren Fahrweg die Fahrwegkomponente K enthält

Der Behinderungsgrad Q_K einer Fahrwegkomponente K ist gegeben durch

$$Q_K = \frac{H_K}{Z} \qquad (\,6\text{-}8\,)$$

wobei Z den Auswertezeitraum bezeichnet.

Behinderungsgrad einer Basisstruktur

Die Behinderungszeit H_S einer Basisstruktur S ist die Summe der Behinderungszeiten aller Fahrwegkomponenten $H_1, H_2, \ldots, H_m$, die diese Basisstruktur überdecken:

$$H_S = \sum_{k=1}^{m} H_k \qquad (\,6\text{-}9\,)$$

wobei H_k die Behinderungszeit der k-ten Fahrwegkomponente bezeichnet.

Für den Behinderungsgrad Q_S einer Basisstruktur S gilt:

$$Q_S = \frac{H_S}{Z} \qquad (\,6\text{-}10\,)$$

wobei Z den Auswertezeitraum bezeichnet.

6.3   Ablauf der Bewertung der Betriebsqualität

Um die Betriebsqualität anhand der Kenngrößen Belegungs- und Behinderungsgrad zu ermitteln, müssen die Bewertungsfelder der Vier-Felder-Tafel (Abbildung 6-6) den Qualitätsstufen zugeordnet werden. In den folgenden Abschnitten wird die Frage geklärt, wie die Bewertungsfelder aufgeteilt werden und wie die Zuordnung der Betriebsqualität vorgenommen wird.

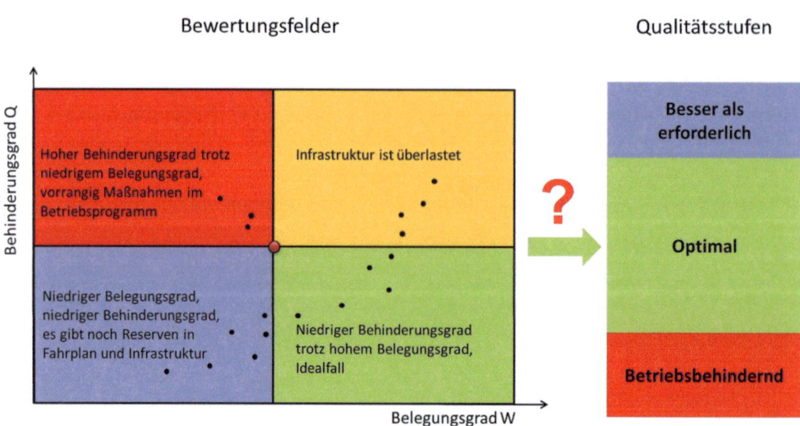

Abbildung 6-6: Zuordnung zwischen den Bewertungsfeldern und den Qualitätsstufen

6.3.1 Datengrundlagen aus den Simulationen

Um die Betriebsqualität für einzelne Basisstrukturen anhand der Kenngrößen Belegungs- und Behinderungsgrad mit Hilfe von Simulationsverfahren bewerten zu können, werden Fahrpläne unterschiedlicher Verdichtungsstufen innerhalb des optimalen Leistungsbereichs simuliert. Für jeden Fahrplan lässt sich damit allen Basisstrukturen der zugehörige Belegungs- und Behinderungsgrad zuordnen. Jede Basisstruktur kann in Abhängigkeit ihres Belegungs- und Behinderungsgrades auf Grundlage der Vier-Felder-Tafel mit einer Betriebsqualität bewertet werden.

Statistisch gesicherte Ergebnisse aus Simulationsverfahren können nur dann gewährleistet werden, wenn einerseits hinreichend viele Simulationen durchgeführt werden und andererseits die ausgewählten Simulationen die betrieblichen Eigenschaften der Infrastruktur widerspiegeln. Darüber hinaus müssen die Simulationen hinreichend variierende Situationen abdecken.

Der optimale Leistungsbereich ist eine Leistungskenngröße, welche die optimale Ausnutzung eines Untersuchungsraums bei gegebenem Betriebsprogramm als aggregierte Größe (siehe Beispiel in Abbildung 6-7) kennzeichnet. Da sich der optimale Leistungsbereich aus einer modellierten Wartezeitfunktion ergibt, stellt dieser einen objektiven Sachverhalt einer Infrastruktur bei gegebenem Betriebsprogramm dar, der implizit bereits einen globalen Qualitätsmaßstab enthält.

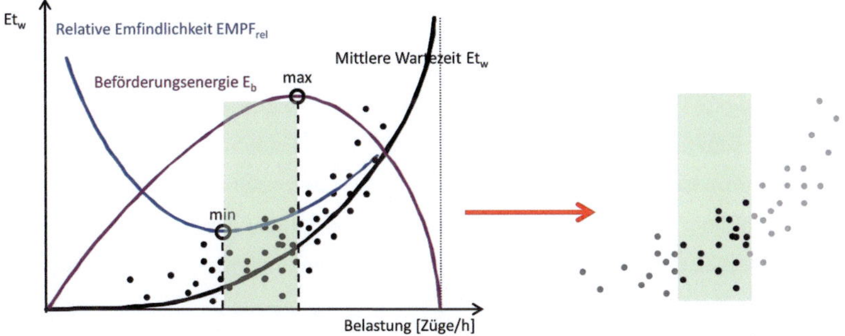

Abbildung 6-7: Auswahl der Simulationsdaten als Datengrundlage

Da die Verfahren zur Ermittlung des optimalen Leistungsbereichs schon seit vielen Jahren entwickelt (vgl. Abschnitt 2.1) und mit Erfolg in der Praxis umgesetzt wurden, kann die dabei genutzte Bewertung auch für die hier zu bearbeitende Aufgabenstellung verwendet werden.

Der entscheidende Einflussfaktor zur Bildung eines Indikators aus den infrastrukturbezogenen Kenngrößen ist die Bestimmung der Abgrenzung zwischen den einzelnen Bewertungsfeldern. Aufgrund des implizit bereits vorhandenen Qualitätskriteriums wird die weitere Betrachtung auf die Fahrpläne innerhalb des optimalen Leistungsbereichs beschränkt. Der Betrieb sollte innerhalb des optimalen Leistungsbereichs angestrebt werden, da eine differenzierende Betrachtung

- links vom optimalen Leistungsbereich wegen der tendenziell zu niedrigen Werte für die Belegung und
- rechts vom optimalen Leistungsbereich aufgrund der überproportional hohen Behinderungen sowie einer damit verbundenen Überlagerung der Wirkung mehrerer aufeinander folgender Engpässe

kaum sinnvoll möglich.

In den folgenden Abschnitten werden unterschiedliche Ansätze zur Bewertung der infrastrukturbezogenen Kenngrößen, Belegungsgrad und Behinderungsgrad, mit Bezug auf den optimalen Leistungsbereich beschrieben und verglichen.

6.3.2 Zuordnungsmethoden

6.3.2.1 Zwei-Punkte-Methode

Eine einfache Möglichkeit zur Abgrenzung der einzelnen Bereiche in der Vier-Felder-Tafel bietet die sogenannte Zwei-Punkte-Methode. Das Konzept der Zwei-Punkte-Methode wird in Abbildung 6-8 dargestellt. Zur Ermittlung des optimalen Leistungsbereichs werden zahlreiche Fahrpläne mit unterschiedlichen Belastungen simuliert. Die Obergrenze des optimalen Leistungsbereichs ist die Belastung mit maximaler Beförderungsenergie. Für die Bestimmung des kritischen Belegungsgrades werden nur Fahrpläne, deren Belastung im engen Umfeld der Obergrenze des optimalen Leistungsbereichs liegt, berücksichtigt. Für jede Basisstruktur lässt sich der Mittelwert über die Belegungsgrade in allen Fahrplänen mit Belastungen nahe der Obergrenze bilden. Der kritische Belegungsgrad wird als Mittelwert über alle ermittelten Belegungsgrade erhalten.

Da die Wartezeiten ab der Untergrenze des optimalen Leistungsbereichs (der Belastung mit minimaler relativer Empfindlichkeit) überproportional steigen, behindern sich die Züge ab dieser Belastung zunehmend stärker und der kritische Behinderungsgrad kann anhand der Fahrpläne mit Belastungen in der Nähe dieses Werts abgeleitet werden, indem man für jede Basisstruktur den mittleren Behinderungsgrad über alle Fahrpläne mit Belastungen nahe der Untergrenze bildet und dann über diese Behinderungsgrade mittelt.

Ein Nachteil dieser Methode besteht darin, dass die Auswahl der Fahrpläne mit hoher bzw. niedriger Belastung empirisch bestimmt werden muss. Da bei Leistungsuntersuchungen statistische Methoden in regelmäßig vereinfachten und abstrahierten Modellen mit teilweise aggregierten Eingangsparametern genutzt werden, treten in den Ergebnissen zwangsläufig systematische Fehler in Form von kleinerer Ungenauigkeit auf. Demzufolge kann bei einer „scharfen" Abgrenzung der vier Felder durch einzelne Linien bzw. einen Punkt (im Schnittpunkt der Linien) bereits eine geringfügige Änderung eines Eingangsparameters dazu führen, dass sich das Ergebnis der Berechnung für einen Fahrplan von dem Bereich „optimal" in den Bereich „betriebsbehindernd" verschiebt. Die Untersuchungsergebnisse wären (insbesondere bei einer Häufung der Einzelwerte im Grenzbereich) nicht robust und damit nur sehr eingeschränkt aussagekräftig.

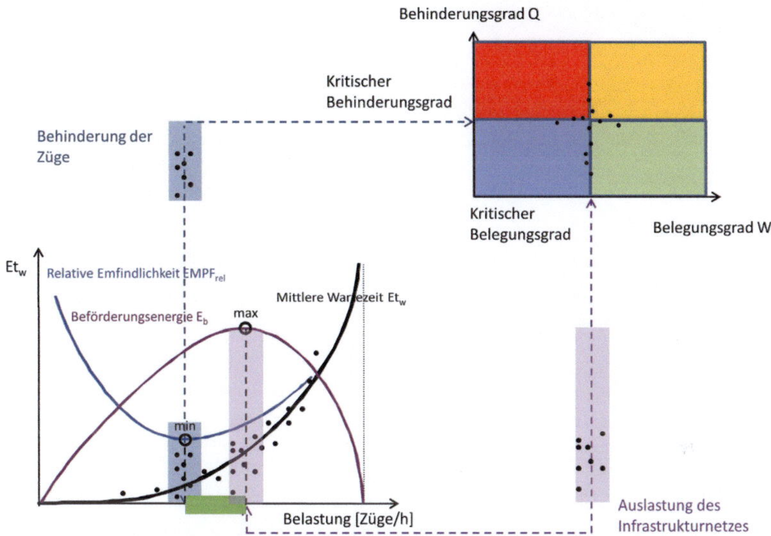

Abbildung 6-8: Zuordnung mit der Zwei-Punkte-Methode

6.3.2.2 Ein-Punkt-Methode

Eine einfache Alternative zur Zwei-Punkte-Methode stellt die sogenannte Ein-Punkt-Methode dar. Im Vergleich zur Zwei-Punkte-Methode werden nun alle Fahrpläne mit Belastungen innerhalb des optimalen Leistungsbereichs als Datengrundlage für die Bestimmung des kritischen Belegungsgrads bzw. Behinderungsgrads verwendet (siehe Abbildung 6-9). Der Mittelwert der Belegungs- bzw. Behinderungsgrade aller Basisstrukturen auf Grundlage sämtlicher Fahrpläne im optimalen Leistungsbereich wird hierbei als kritischer Belegungs- bzw. Behinderungsgrad behandelt.

Diese Methode kann angewendet werden, wenn die Belegungs- und Behinderungsgrade der einzelnen Basisstrukturen dicht beieinander liegen. Dies widerspricht jedoch dem Anspruch einer differenzierenden Betrachtung. Darüber hinaus treten ebenfalls die im Abschnitt 6.3.2.1 für die Zwei-Punkte-Methode beschriebenen Nachteile auf.

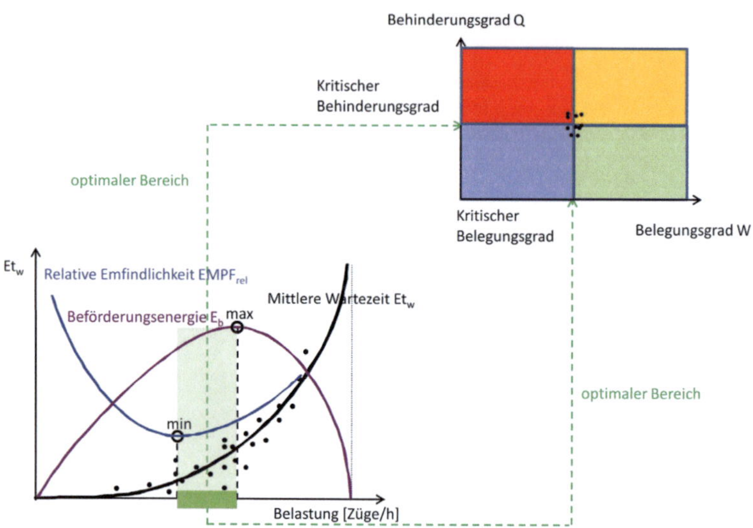

Abbildung 6-9: Zuordnung mit der Ein-Punkte-Methode

6.3.2.3 Zwei-Bänder-Methode

Die kritischen Belegungs- und Behinderungsgrade hängen stark von der Verteilung der aus den Simulationsläufen gewonnenen Belegungs- und Behinderungsgrade ab. Darum kann die Abgrenzung der einzelnen Felder durch einen Wert in vielen Fällen nicht die Realität widerspiegeln. Mit der Zwei-Bänder-Methode (siehe Beispiel in Abbildung 6-10) wird der kritische Belegungs- und Behinderungsgrad nicht als ein Wert sondern als ein Übergangsbereich ermittelt, sodass die Toleranz der Simulationsdaten berücksichtigt wird. Dazu werden die Belegungs- und Behinderungsgrade der Basisstrukturen auf Grundlage der Fahrpläne mit hoher bzw. niedriger Belastung im optimalen Leistungsbereich berechnet. In Analogie zur Zwei-Punkte-Methode wird nun jeweils ein hoher und ein niedriger kritischer Belegungs- und Behinderungsgrad berechnet, welche zur Abgrenzung des Übergangsbereichs herangezogen werden. Diese Methode ist besonders geeignet, wenn die Belegungs- und Behinderungsgrade der Basisstrukturen bei unterschiedlichen Belastungen eine hohe Streuung aufweisen.

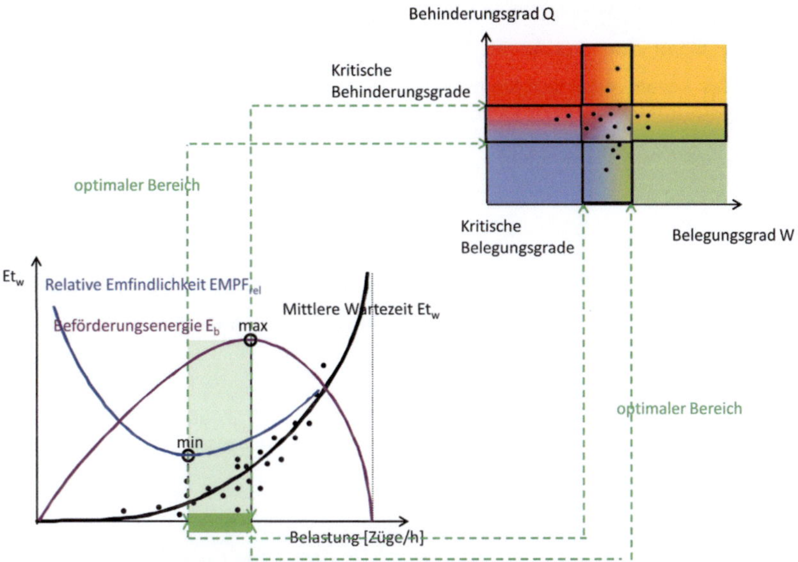

Abbildung 6-10: Zuordnung mit der Zwei-Bänder-Methode

6.3.2.4 Drei-Quantile-Methode

Nach beispielhaften praktischen Anwendungen wurden die Ergebnisse aus dem neu entwickelten Bewertungsverfahren mit den Erkenntnissen aus der Expertenbefragung und empirischen Erfahrungswerten verglichen. Da die Aufteilung der Bewertungsfelder großen Einfluss auf die sich ergebende Betriebsqualität hat, wurde die Plausibilität der Bewertungsergebnisse der verschiedenen Methoden zur Abgrenzung der Bewertungsfelder bewertet und gegenübergestellt. Die theoretischen Vorüberlegungen aus den Abschnitten 6.3.2.1 und 6.3.2.2 wurden bestätigt.

Wegen der „scharfen" Begrenzungen sind die Ergebnisse aus der Ein-Punkt-Methode und Zwei-Punkte-Methode relativ empfindlich, da sich die in der Nähe der Grenzen befindlichen Punkte einer plausiblen Bewertung entziehen.

Eine Untersuchung der Verteilung der Belegungs- und Behinderungsgrade ergab, dass die Zwei-Bänder-Methode ebenfalls zu großen Abweichungen führen kann. Dies ist der Fall, wenn die Basisstrukturen im optimalen Leistungsbereich einen verhältnismäßig niedrigen oder hohen Belegungsgrad oder/und Behinderungsgrad haben. Für eine neutralere Abgrenzung der Bewertungsfelder wurde deshalb eine Abgrenzung mit empirischen Quantilen als weitere Methode geprüft. Da das Simulationsverfahren bei Leistungsuntersuchungen eine experimentelle Methode ist, deren Ergebnisse statistisch gesichert werden sollen, bietet sich die Nutzung der Theorien aus der Statistik an. Das Quantil ist ein Lagemaß in der Statistik, das die Merkmalswerte einer Variablen in zwei Abschnitte unterteilt. Für die Kalibrierung der Abgrenzung werden folgende drei Quartile (Viertelwerte - siehe auch Abbildung 6-11) eingesetzt, die für viele Verteilungen verwendet werden.

Durch die drei Grenzwerte (0,25, 0,5 und 0,75) wird die Gesamtmenge der Merkmalswerte in vier gleich große Teilmengen unterteilt. Jeder Grenzwert lässt sich wie folgt beschreiben:

- **0,25-Quantil ($Q_{0,25}$):** markiert die Position in der Gesamtmenge der Merkmalswerte, so dass 25% der Werte kleiner oder gleich diesem Wert sind,
- **Median ($Q_{0,5}$):** markiert die Position in der Gesamtmenge, so dass 50% der Werte kleiner oder gleich diesem Wert sind,
- **0,75-Quantil ($Q_{0,75}$):** markiert die Position in der Gesamtmenge, so dass 75% der Merkmalswerte kleiner oder gleich diesem Wert sind.

Zusätzlich wird in Verfeinerung der ursprünglichen Vier-Felder-Tafel eine erweiterte Einteilung der Felder verwendet (vgl. Abbildung 6-11). Zum einen wurde der Schnittpunkt der vier Felder durch einen größeren Übergangsbereich erweitert, um der Unschärfe in den Simulationsdaten Sorge zu tragen. Dieser Bereich wird der Rubrik „uneingeschränkt akzeptabel" zugeordnet. Als zweite Änderung wurde bei niedrigem Belegungsgrad ein Übergangsbereich „akzeptabel risikobehaftet" zwischen den Feldern „besser als erforderlich" und „betriebsbehindernd" eingeführt, da der direkte Übergang zwischen den beiden ursprünglichen Bereichen einen großen Sprung zwischen sehr unterschiedlichen Qualitätsstufen darstellt. Zuletzt wurde die Qualitätsstufe „betriebsbehindernd" noch in den Bereich hoher Belegungen erweitert. Dies ist plausibel, da ab einem bestimmten Schwellwert Basisstrukturen auch bei insgesamt hohem Belegungsgrad keine optimale Betriebsqualität mehr aufweisen, sondern betriebsbehindernd wirken.

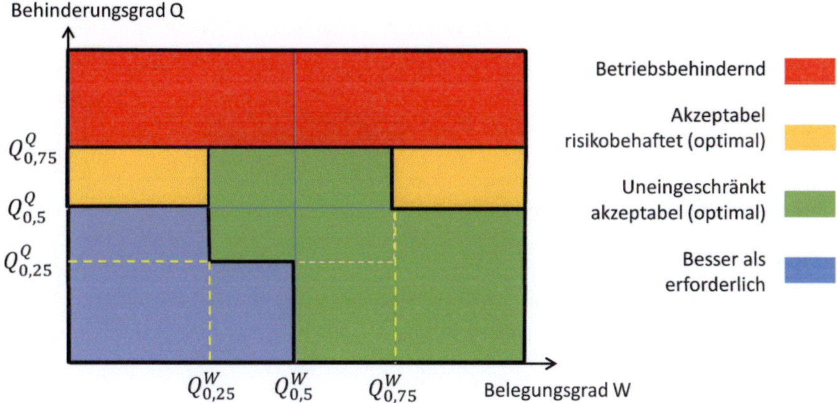

Abbildung 6-11: Kalibrierte Abgrenzung der Bewertungsfelder

Umsetzung der Methode zur Abgrenzung der Bewertungsfelder

- Für jede Basisstruktur wird ein mittlerer Belegungs- und Behinderungsgrad über alle Fahrpläne im optimalen Leistungsbereich ermittelt.

- Für beide Kenngrößen werden alle ermittelten Werte sortiert.

- Für den Belegungs- bzw. Behinderungsgrad wird jeweils getrennt das 0,25-Quantil als Untergrenze, der Median als mittlere Begrenzung und das 0,75-Quantil als Obergrenze angenommen.

Durch die Aufteilung mittels der Quantile $Q^W_{0,25}$, $Q^W_{0,5}$, $Q^W_{0,75}$, $Q^Q_{0,25}$, $Q^Q_{0,5}$, $Q^Q_{0,75}$ werden die Bewertungsfelder und die entsprechende Betriebsqualität wie folgt festgelegt:

- **Besser als erforderlich (blaues Feld):**

$$(W,Q) \in \left[0, Q^Q_{0,25}\right) \times \left[0, Q^Q_{0,5}\right) \cup \left[0, Q^Q_{0,5}\right) \times \left[0, Q^Q_{0,25}\right) \tag{6-11}$$

- **Uneingeschränkt akzeptabel (grünes Feld):**

$$(W, Q) \in \left[Q_{0,25}^W, Q_{0,75}^Q\right) \times \left[Q_{0,25}^W, Q_{0,75}^Q\right)$$
$$\cup \left[Q_{0,5}^W, 1\right] \times \left[0, Q_{0,5}^Q\right)$$

(6-12)

- **Akzeptabel risikobehaftet (gelbes Feld):**

$$(W, Q) \in \left[Q_{0,75}^W, 1\right] \times \left[Q_{0,5}^W, Q_{0,75}^Q\right) \cup \left[0, Q_{0,25}^Q\right)$$
$$\times \left[Q_{0,5}^W, Q_{0,75}^Q\right)$$

(6-13)

- **Betriebsbehindernd (rotes Feld):**

$$(W, Q) \in [0, 1] \times \left[Q_{0,75}^W, 1\right]$$

(6-14)

6.3.2.5 K-Medians-Clustering-Methode

Um ein stabiles nicht von den abstrakten Quantilen $Q_{0,25}$, $Q_{0,5}$, $Q_{0,75}$ abhängiges Ergebnis zur Festlegung der unteren, mittleren und oberen Grenzwerte der Bewertungsfelder zu erhalten, wird die Drei-Quantile-Methode durch die Anwendung einer Clusteranalyse erweitert. Der K-medians-Algorithmus ist eine der am häufigsten verwendeten Techniken zur Gruppierung von Objekten. Im Kontext des Projekts wird der Algorithmus für die Abgrenzung folgendermaßen umgesetzt:

Ziel ist eine Bewertung der Daten nach den drei Kategorien „niedrig", „mittel" und „hoch", die in Analogie zur Drei-Quantile-Methode die Abgrenzung der Bewertungsfelder erlaubt.

1. Zunächst werden drei Startwerte im Intervall [0,1] zur Generierung einer zulässigen sinnvollen Ausgangslösung ausgewählt.
2. Alle Punkte (entsprechend den Mittelwerten der Belegungs- bzw. Behinderungsgrade der einzelnen Basisstrukturen in allen Fahrplänen des optimalen Leistungsbereichs) werden mit den Startwerten verglichen. Die Punkte mit kleinstem Abstand zu einem Startwert werden in einer Gruppe zusammengefasst: Dadurch entstehen in einer ersten Zuordnung drei Gruppen.

3. Für jede Gruppe wird der Median berechnet, der bei der nächsten Zuordnung als Zentralwert angewandt wird.

4. Die Schritte 2 und 3 werden mit den neuen Zentralwerten als Startwert wiederholt, bis Konvergenz vorliegt.

5. Als unterer, mittlerer und oberer Grenzwert werden die Mediane der drei erhaltenen Gruppen verwendet.

6.3.3 Vergleich der Methoden zur Zuordnung der Qualitätsstufen

Die wesentliche Herausforderung bei der Zuordnung der Qualitätsstufen liegt in deren Abgrenzung auf der Grundlage der infrastrukturbezogenen Kenngrößen Belegungs- und Behinderungsgrad. Eine einheitliche Regel zur Abgrenzung ist bisher noch nicht vorhanden. Deshalb wurden in Abschnitt 6.3.2 fünf verschiedene Methoden zur Abstimmung der Qualitätsstufen untersucht:

- Zwei-Punkte-Methode
- Ein-Punkt-Methode
- Zwei-Bänder-Methode
- Drei-Quantile-Methode
- K-Medians-Clustering-Methode

Nachfolgend werden die Methoden aus Sicht der Stabilität, Plausibilität und der theoretischen Aussagekraft verglichen.

Eine Methode ist nicht stabil, wenn sie sehr sensibel auf eine geringfügige Änderung der Eingangsdaten reagiert. Bei der Zwei-Punkte-Methode und der Ein-Punkt-Methode wird ein kritischer Punkt zur Abgrenzung der Felder verwendet. In diesen Fällen sind die Bewertungsergebnisse sehr instabil, da die Abgrenzung durch Ausreißer in den Simulationsergebnissen beeinflusst werden kann. In der Zwei-Bänder-Methode, Drei-Quantile-Methode und K-Medians-Clustering-Methode werden die Qualitätsstufen statt durch einen Punkt durch einen Übergangsbereich mit Unter- und Obergrenze abgegrenzt. Somit kann ein Sprung der Bewertungsergebnisse (vom Bereich „betriebsbehindernd" zum Bereich „uneingeschränkt akzeptabel" oder umgekehrt) bei einer kleinen Änderung der Eingangsparameter vermieden werden. Die Sensitivität der Bewertungsergebnisse auf Ausreißer wird daher deutlich reduziert. Die Stabilität der Zwei-Bänder-Methode, Drei-Quantile-Methode und K-Medians-Clustering-Methode ist signifikant höher als bei der Zwei-Punkte- und der Ein-Punkt-Methode.

Die Plausibilität der Zwei-Punkte-Methode und der Ein-Punkt-Methode ist niedrig. Oftmals werden zu viele oder zu wenige betriebsbehindernde Basisstrukturen erkannt. Bei der Zwei-Bänder-Methode ist die Plausibilität wegen des nicht signifikanten Unterschieds der arithmetischen Mittelwerte der Kenngrößen zwischen der Unter- und Obergrenze des optimalen Leistungsbereichs nur geringfügig höher. Die Plausibilität der Drei-Quantile- und K-Medians-Methode wurde durch praxisnahe Anwendung [MARTIN, 2013] bereits grundsätzlich bestätigt. Insbesondere die K-Medians-Clustering-Methode stellt einen Ansatz mit gesteigerter Aussagekraft dar, die sich noch stärker an die aus der globalen Leistungsuntersuchung als Eingangsparameter verwendeten Indikatoren anlehnt.

Abgesehen von der hohen Sensitivität bei der Abgrenzung stimmen die Zwei-Punkte-Methode und die Ein-Punkt-Methode gut mit der Definition des optimalen Leistungsbereichs überein. Die Zwei-Bänder-Methode besitzt eine sehr starke theoretische Aussagekraft. Bei der Drei-Quantile-Methode ist es schwierig, die Parameter der drei Quantile festzulegen. Dieses Problem kann bei der K-Medians-Clustering-Methode gelöst werden.

Ein Vergleich der verschiedenen entwickelten Methoden ist in Tabelle 2 dargestellt:

Methode	Stabilität	Plausibilität	Aussagekraft
Zwei-Punkte	Niedrig	Niedrig	Mittel
Ein-Punkt	Niedrig	Niedrig	Mittel
Zwei-Bänder	Hoch	Niedrig	Hoch
Drei-Quantile	Hoch	Hoch	Mittel
K-Medians-Clustering	Hoch	Hoch	Hoch

Tabelle 6-2:   Vergleich der Zuordnungsmethoden

Zusammengefasst besitzen die Drei-Quantile-Methode und die K-Medians-Clustering-Methode eine hohe Stabilität und hohe Plausibilität. Die K-Medians-Clustering-Methode ist bereits vollständig in das gesamte Verfahren eingebunden.

7 Engpass- und Reserveerkennung

Gemäß der bei Leistungsuntersuchungen üblichen Betrachtung des Zusammenhangs von Infrastruktur, Betriebsprogramm (Fahrplan) und Betriebsqualität (Abschnitt 6.1) sind in jedem beliebigen Untersuchungsraum grundsätzlich Engpässe vorhanden. Bei der Engpassanalyse stehen die Erkennung von potentiellen Engpässen und die Bewertung deren betrieblichen Einflusses bei einer bestimmten Belastung in einem betrachteten Betriebsprogramm im Mittelpunkt.

7.1 Engpassdefinition und Methoden zur Engpassidentifizierung

Im Sinne allgemeingültiger Leistungsuntersuchungen ist ein Infrastrukturabschnitt dann ein **Engpass**, wenn andere Fahrten wegen der Belegung auf diesem Infrastrukturabschnitt so stark beeinträchtigt werden, dass der Betrieb auf benachbarten Abschnitten behindert und damit die Betriebsqualität negativ beeinflusst wird, d.h. dieser Infrastrukturabschnitt wirkt **betriebsbehindernd**. Im hier entwickelten Modell wird ein Infrastrukturabschnitt als Engpass identifiziert, wenn die behinderungsbedingten Wartezeiten im Durchschnitt für alle Fahrten, die die Belegung dieses Infrastrukturabschnittes anfordern, soweit ansteigen, dass eine festgelegte Grenze der Betriebsqualität überschritten wird. Der Engpass selbst muss dabei nicht in jedem Fall übermäßig belegt sein, und eine Behinderung auf dem zugehörigen Infrastrukturabschnitt selbst muss nicht auftreten. Die Wirkungen des Engpasses werden jedoch in benachbarten Infrastrukturabschnitten erkennbar.

Je nach Detaillierungsgrad der Betrachtung können Infrastrukturabschnitte einzelne Weichen, Gleisabschnitte, Weichengruppen, Gleisgruppen, Knoten oder Strecken sein. Im Rahmen der im Projekt RePlan entwickelten Einteilung der Infrastruktur werden als zu untersuchende Infrastrukturabschnitte Basisstrukturen zu Grunde gelegt. Für die Identifizierung der Basisstrukturen, die (potentielle) Engpässe darstellen, werden entsprechend der Ausrichtung der zu beantwortenden Fragen die folgenden Methoden angewandt:

E1 (Engpassempfindlichkeit): Durch die **Engpassempfindlichkeit**, d.h. die Änderung des **Behinderungsgrades**[12] auf einem Infrastrukturabschnitt in Abhängigkeit von

---

[12] Der Behinderungsgrad ergibt sich aus dem Quotient der Summe der behinderungsbedingten Wartezeit und dem Untersuchungszeitraum.

dessen **Belegungsgrad**[13], lassen sich Engpässe auf der Grundlage grober Betriebs-programme (zufallsbeeinflusste Fahrplanstruktur) bestimmen. Bei einem groben Be-triebsprogramm ergibt sich die Engpassempfindlichkeit aus dem Vergleich mehrerer Verdichtungsstufen (mehrere Einfachsimulationen) dieses Betriebsprogramms. Die Fahrpläne der einzelnen Verdichtungsstufen werden zufällig unter Beibehaltung der Grundstruktur des Betriebsprogramms erzeugt, d.h. es kann durchaus sinnvoll sein, mehrere Fahrpläne einer Verdichtungsstufe zu generieren. Bei der Bestimmung der Engpassempfindlichkeit wird die Frage beantwortet: *„Wie schnell verändert sich der Behinderungsgrad mit steigendem Belegungsgrad bei verdichtetem Betriebs-programm?"*.

Für die konkrete Ermittlung der Engpassempfindlichkeit im Rahmen des Projekts Re-Plan werden folgende Schritte durchgeführt: Vor der Prüfung des Kriteriums E1 auf einer bestimmten Basisstruktur wird zunächst jeder Fahrwegkomponente im Untersu-chungsraum eine Engpassempfindlichkeit zugeordnet. Dazu wird für jede einzelne Fahrwegkomponente in jedem Fahrplan des optimalen Leistungsbereichs der Bele-gungsgrad und Behinderungsgrad bestimmt. Durch Anwendung einer linearen Regres-sion lässt sich für diese Fahrwegkomponente die Engpassempfindlichkeit als Änderung des Behinderungsgrades auf der Fahrwegkomponente in Abhängigkeit von deren Be-legungsgrad berechnen. Um zu ermitteln, ob auf einer Basisstruktur das Kriterium E1 vorliegt, werden die Fahrwege aller Züge in den Fahrplänen im optimalen Leistungsbe-reich betrachtet, die über diese Basisstruktur führen. Der Fahrweg eines Zuges setzt sich fahrtrichtungsbezogen aus einer zusammenhängenden Kette von Fahrwegkom-ponenten als gerichtete Belegungselemente zusammen. Entlang des Fahrweges eines Zuges wird nun die Engpassempfindlichkeit als Funktion der aneinandergereihten Fahrwegkomponenten betrachtet. Gibt es einen Zug in einem Fahrplan des optimalen Leistungsbereichs, für den die zugehörige Engpassempfindlichkeit beim Übergang zwischen zwei aufeinanderfolgenden Fahrwegkomponenten signifikant abnimmt, wird für die Basisstrukturen, die von der zweiten Fahrwegkomponente überdeckt werden, das Kriterium E1 diagnostiziert.

---

[13] Der Belegungsgrad ergibt sich aus dem Quotient der Summe der Sperrzeiten (Belegungszeit) und dem Untersuchungszeitraum.

E2 (Nicht erfüllbare Belegungswünsche): Neben der Bewertung der Engpassempfindlichkeit ist auch die Frage *„Wie viel Fahrten werden wegen nicht erfüllbarer Belegungswünsche für einen Infrastrukturabschnitt behindert?"* von hoher praktischer Bedeutung. D.h. bei einer ungünstigen Konstellation der Zugfahrten innerhalb eines Betriebsprogramms können durchaus auch bei insgesamt niedriger Belegungszeit verhältnismäßig viele Züge auf einem Infrastrukturabschnitt behindert werden.

Für jede Basisstruktur wird berechnet, wie lange Züge diese Basisstruktur auf einer benachbarten Basisstruktur vergeblich anfordern. Wird ein bestimmter Grenzwert überschritten, so wird für die entsprechende Basisstruktur das Kriterium E2 diagnostiziert. Die Kenngröße „Nicht erfüllbare Belegungswünsche" ist vergleichbar mit den infrastrukturbezogenen Behinderungen in [DB NETZ AG, 405 (2008)].

E3 (Belegungsgrad): Die dritte Möglichkeit bei der Identifizierung von Engpässen wird erkennbar, wenn **der Belegungsgrad** auf einem Infrastrukturabschnitt berücksichtigt wird. Hier steht die Frage *„Welche Behinderung ergibt sich aufgrund der gesamten Belegungszeit eines Infrastrukturabschnittes?"* im Mittelpunkt. Wird beim Belegungsgrad einer Basisstruktur ein vorgegebener Grenzwert überschritten, so wird für die entsprechende Basisstruktur das Kriterium E3 diagnostiziert.

Die benötigten Schwellwerte der einzelnen Kriterien werden auf Grundlage der entsprechenden Kenngrößen der Fahrpläne im optimalen Leistungsbereich bestimmt.

Für die Ermittlung des Grenzwerts beim Kriterium E1 (Engpassempfindlichkeit) wird zunächst für alle unmittelbar aufeinanderfolgenden Fahrwegkomponenten die Differenz der zugehörigen Engpassempfindlichkeiten berechnet. Falls die Engpassempfindlichkeit beim Übergang zwischen zwei unmittelbar aufeinanderfolgenden Fahrwegkomponenten abnimmt, so wird die Differenz in einer Liste gespeichert. Der Grenzwert für E1 ergibt sich dann als Summe des Mittelwerts und der Standardabweichung aller in dieser Liste gespeicherten Differenzen.

Zur Bestimmung des Grenzwertes für Kriterium E2 (Nicht erfüllbare Belegungswünsche) wird zuerst jeder Basisstruktur der Mittelwert über alle „Nicht erfüllbaren Belegungswünsche" der Fahrpläne im optimalen Leistungsbereich zugeordnet. Die erhaltene Menge von gemittelten „Nicht erfüllbaren Belegungswünschen" für jede Basisstruktur wird mittels des K-Medians-Algorithmus in drei Klassen eingeteilt. Diesen entsprechen niedrige, mittlere bzw. hohe „Nicht erfüllbare Belegungswünsche". Als Grenzwert für E2 wird der Median der Gruppe mit den hohen „Nicht erfüllbaren Belegungswünschen" gewählt.

Zur Bestimmung des Grenzwertes für das Kriterium E3 (Belegungsgrad) wird analog zum Kriterium E2 vorgegangen, wobei die Kenngröße „Nicht erfüllbare Belegungswünsche" durch die Kenngröße „Belegungsgrad" ersetzt wird.

7.2 Engpassrelevanz und Engpasssignifikanz

7.2.1 Engpassrelevanz – Potentielle Engpässe bei großem Betriebsprogramm

Die **Engpassrelevanz** beschreibt die Wahrscheinlichkeit, dass ein Infrastrukturabschnitt als Engpass unter bestimmten Bedingungen (Struktur des Betriebsprogramms) in Erscheinung tritt und verdeutlicht somit das Engpasspotential innerhalb eines Untersuchungsraums bei Anwendung eines Betriebsprogramms. Zur Lokalisierung von Basisstrukturen mit Engpassrelevanz werden die obigen drei Kriterien verwendet. Zur Berechnung der Kenngrößen „Nicht erfüllbare Belegungswünsche" und „Belegungsgrad" für E2 und E3 liegen dabei alle Fahrpläne im optimalen Leistungsbereich zu Grunde. Ist auf einem Infrastrukturabschnitt das Kriterium E1 erfüllt, so wird dieser als potentieller Engpass erkannt. Je nach Vorliegen der Kriterien E2 oder E3 erfolgt eine Priorisierung des potentiellen Engpasses nach den Stufen „niedrig", „mittel" und „hoch" (vgl. Abbildung 7-1).

Stufe	Identifizierter Engpasstyp
hoch	E1-2-3
mittel	E1-2, E1-3
niedrig	E1

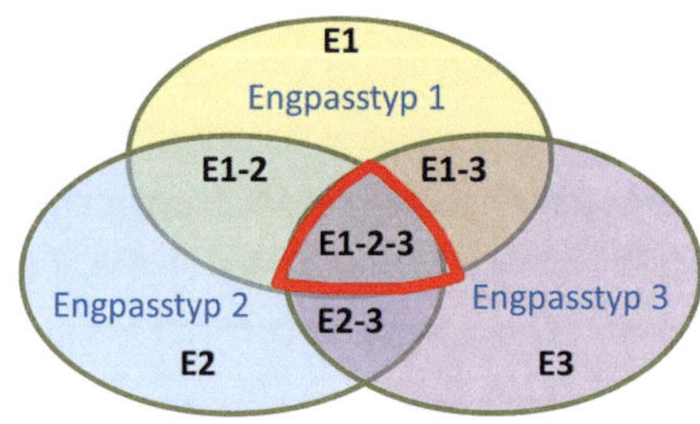

Abbildung 7-1: Engpassstufe in Abhängigkeit von der Identifizierung mit unterschiedlichen Methoden

7.2.2 Engpasssignifikanz – Engpässe mit betrieblichem Einfluss bei einer bestimmten Verdichtungsstufe bei einem konkreten Fahrplan

Die **Signifikanz des Engpasses** beschreibt, ob ein Engpass in Abhängigkeit von der festgelegten Grenze der Betriebsqualität, der Struktur eines bestimmten Betriebsprogramms und der betrachteten Belastung (Verdichtungsstufe) real auch tatsächlich betrieblichen Einfluss erlangt. Wieder werden für alle Basisstrukturen die drei Kriterien E1-E3 überprüft. Im Unterschied zur Engpassrelevanz werden bei der **Engpasssignifikanz** nur die Fahrpläne der gewählten Verdichtungsstufe bzw. des konkreten Fahrplans zur Prüfung der Kriterien E2 und E3 verwendet. Die Priorisierung der Engpässe nach den Stufen „niedrig", „mittel", „hoch" erfolgt in Analogie zur Engpassrelevanz.

Das Zusammenspiel der Indikatoren Engpassrelevanz und Engpasssignifikanz erlaubt es, in der praktischen Anwendung der Engpassanalyse nicht nur Engpässe bei einer bestimmten Belastung bzw. bei einem konkreten Fahrplan zu erkennen, sondern auch fundiert abzuschätzen, ab welcher Verdichtungsstufe potentielle Engpässe tatsächlich erheblichen betrieblichen Einfluss entwickeln, d.h. Grenzwerte für Verdichtungen festzulegen und unter den Engpässen eine Gewichtung nach deren betrieblichen Einfluss vorzunehmen.

Beispielsweise kann in einem Untersuchungsraum eine Vielzahl (potentieller) Engpässe mit hoher Engpassrelevanz identifiziert worden sein, die praktisch jedoch wenig bzw. keinen betrieblichen Einfluss entwickeln, da die Belastung des realen Betriebsprogramms deutlich unter dem Schwellwert liegt, der für eine gegenseitige Behinderung der einzelnen Fahrten erreicht werden muss. Ein Beispiel ist in Abbildung 7-2 dargestellt.

Abbildung 7-2: Engpassrelevanz und Engpasssignifikanz bei unterschiedlichen Verdichtungsstufen

In dem Beispiel in Abbildung 7-2 werden alle als hochsignifikant identifizierten Engpässe auch als Engpässe mit hoher Relevanz erkannt. Das gilt innerhalb des optimalen Leistungsbereichs im **uneingeschränkt akzeptablen Bereich** (vgl. Abbildung 7-3). Bei hoher Belastung (an der oberen Grenze des optimalen Leistungsbereichs) kann es aufgrund größerer Rückstauerscheinungen auch über mehrere als relevant erkannte Engpässe hinweg und damit verbundener Wechselwirkungen vorkommen, dass in Einzelfällen auch hochsignifikante Engpässe identifiziert werden, die zuvor <u>nicht</u> als Engpässe mit hoher Relevanz erkannt wurden (siehe Abbildung 7-3). Innerhalb des optimalen Leistungsbereichs können derartige Einzelfälle im **akzeptabel risikobehafteten Bereich** auftreten.

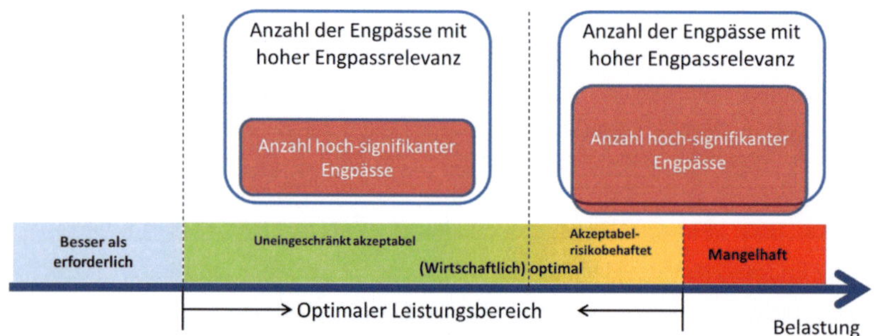

Abbildung 7-3: Engpassrelevanz und Engpasssignifikanz im optimalen Leistungsbereich

7.3 Engpässe und Betriebsqualität

Da Engpässe auch auf kurze Infrastrukturabschnitte (z. B. auf eine einzelne Weiche) beschränkt sein können und demzufolge keine Fahrzeitmesspunkte enthalten müssen, lässt das Leistungsverhalten dieser Infrastrukturabschnitte im Allgemeinen keine direkten Rückschlüsse auf die Auswirkungen des Engpasses auf die Betriebsqualität im gesamten Untersuchungsraum zu. So kann beispielsweise ein auf einen kurzen Infrastrukturabschnitt begrenzter Engpass lokal durchaus stark betriebsbehindernd wirken, ohne dass die Betriebsqualität im gesamten Untersuchungsraum beeinträchtigt wird, weil eine Kompensation der negativen Wirkungen des Engpasses aufgrund von Reservezeiten (Fahrzeitzuschlägen, planmäßigen Warte- und Synchronisationszeiten, Pufferzeiten) bereits vor Erreichen des nächsten Fahrzeitmesspunktes erfolgt. Es ist also möglich, dass in einem Untersuchungsraum mehrere Engpässe mit hoher Relevanz erkannt werden, aber aufgrund der geschickten Gestaltung des Betriebsprogramms trotzdem keine wesentliche Verschlechterung der Betriebsqualität entsteht. Deshalb wird bei der Untersuchung des Leistungsverhaltens einzelner Infrastrukturabschnitte

nicht von einer „mangelhaften" sondern folgerichtig von einer „betriebsbehindernden" Qualität gesprochen (vgl. Abbildung 7-4). Die Klassifizierung der Stufen für die
Betriebsqualität orientiert sich u.a. an [DB NETZ AG, 405 (2008)] und ist damit auch
bei einer mehrskaligen Untersuchung von der Mikro- über die Meso- bis hin zur Makro-
Betrachtung konsistent möglich.

Betriebsqualität in der Engpass-Betrachtung	Betriebsqualität im gesamten Untersuchungsraum	Erläuterung
Besser als erforderlich	Besser als erforderlich	Potentielle Reserven vorhanden
Uneingeschränkt akzeptabel	Uneingeschränkt akzeptabel	Wirtschaftlich optimal (Optimaler Leistungsbereich)
Akzeptabel risikobehaftet	Akzeptabel risikobehaftet	
Betriebsbehindernd	Mangelhaft	Grundsätzlich zu vermeiden

Abbildung 7-4: Vergleich der Klassifizierung der Qualitätsstufen bei der Engpass-
Betrachtung und der Betrachtung der Betriebsqualität im gesamten Untersuchungsraum

7.4   Engpassanalyse in der praktischen Anwendung

Im Rahmen einer Engpassanalyse ergeben sich aus Sicht der praktischen Anwendung
u.a. folgende **allgemeine Aufgabenstellungen**:

a. Diagnose[14]

  ▪   Identifizierung der Engpässe einer Infrastruktur mit einem groben Betriebsprogramm als Eingangsparameter,

---

[14] Im hier beschriebenen Projekt RePlan werden lediglich die Symptome diagnostiziert und eindeutig zugeordnet. Dementsprechend können auch nur symptombezogene Therapieansätze
verfolgt werden. Eine ursachenbezogene Vorgehensweise setzt eine eindeutige Ursachenbestimmung voraus und bleibt damit weiterführenden Untersuchungen vorbehalten.

- Identifizierung der Engpässe einer Infrastruktur mit einem konkreten Fahrplan als Eingangsparameter,
- Bewertung der identifizierten Engpässe nach deren Relevanz und Signifikanz.

b. Therapie (in Abhängigkeit von den Ergebnissen der Diagnose)

- Anpassung einzelner Fahrten,
- strukturelle Anpassungen des Betriebsprogramms,
- Anpassung der Infrastruktur und ggf. des Betriebsprogramms.

In Abschnitt 8.1 werden Fragestellungen im Rahmen konkreter Untersuchungen in der Praxis zusammengestellt, die durch Anwendung der im Rahmen des Projekts entwickelten Methoden und Verfahren zur Bewertung der Knotenkapazität beantwortet werden können.

Dementsprechend ergänzt die Engpassanalyse die makroskopische Betrachtung eines Untersuchungsraumes im Rahmen von Leistungsuntersuchungen. Die maßgebenden lokalen leistungsmindernden Infrastrukturabschnitte werden erkannt. Reserven können systematisch abgeschätzt werden. Fahrwege unter Vermeidung von Engpässen lassen sich gezielt bestimmen.

8 Umsetzung des Bewertungsverfahrens für die Knotenkapazität

Die theoretisch methodischen Grundlagen des im Rahmen des Projekts entwickelten Bewertungsverfahrens für die Knotenkapazität wurden in Kapitel 5, 6 und 7 erläutert. Basierend auf den Fragestellungen in Abschnitt 8.1 wird der Bewertungsprozess für die Knotenkapazität mit dem neu entwickelten Verfahren für praktische Anwendungen in Abschnitt 8.2**Fehler! Verweisquelle konnte nicht gefunden werden.** systematisch überblicksartig zusammengefasst und konkretisiert.

Um mikroskopische Leistungsuntersuchungen für komplexe Eisenbahnknoten mit dem neuen Bewertungsverfahren automatisch durchzuführen, wurde eine rechnergestützte anwendungsorientierte Lösung entwickelt und implementiert, die vielfältige Funktionalitäten wie automatische Infrastrukturmodellierung, Bewertung der Betriebsqualität, Engpassanalyse sowie verschiedene ergänzende Detailbewertungen umsetzt. Die Softwarelösung wird in den Abschnitten 8.3 und 8.4 vorgestellt.

8.1 Fragestellungen in praktischen Anwendungen bei Bewertungen der Knotenkapazität

In praktischen Anwendungen der allgemeingültigen Leistungsuntersuchungen sind folgende Fragen zu beantworten:

a. **Bewertung für einen konkreten Fahrplan:**
   - Ist die Betriebsqualität für einen konkreten Fahrplan/Verdichtungsstufe auf einem Infrastrukturabschnitt „optimal"?
   - Wo liegen die Engpässe und die Reserven?

b. **Bewertung für ein grobes Betriebsprogramm:**
   - Wo befinden sich in einem Untersuchungsraum (potentielle) Engpässe und wie ist deren Relevanz?
   - Wie stark kann ein reales Betriebsprogramm verdichtet werden, bevor die (potentiellen) Engpässe tatsächlich erheblichen betrieblichen Einfluss entwickeln, d.h. ab welcher Belastung werden Engpässe signifikant?
   - Wie stark muss ein reales Betriebsprogramm ausgedünnt werden, so dass ursprünglich hoch signifikante Engpässe nur noch potentiellen Charakter besitzen?

c. **Therapie zur Verbesserung:**

- Welche betrieblich/fahrplanbezogenen Maßnahmen (z.B. Nutzung alternativer Fahrwege und Bahnhofsgleise) sind sinnvoll, um zu vermeiden, dass Engpässe bei konkreten Fahrplänen betrieblichen Einfluss entwickeln?
- Welche Infrastrukturmaßnahmen führen zur Reduzierung von relevanten Engpässen?
- In welchem Umfang lässt sich die Infrastrukturauslastung durch die Engpassanalyse erhöhen?

In Abschnitt 8.2 wird der Bewertungsprozess mit dem im Rahmen des Projekts entwickelten Verfahren zusammengefasst, auf dessen Grundlage eine Beantwortung dieser Fragestellungen ermöglicht wird.

8.2 Bewertungsprozess für die Knotenkapazität mit dem im Rahmen des Projekts entwickelten Verfahren

Mit dem im Rahmen des Projekts entwickelten Bewertungsansatz und der Unterstützung von PULEIV kann die Leistungsuntersuchung für einen Untersuchungsraum (gleichermaßen gültig für Strecken und Knoten) auf Grundlage eines konkreten Fahrplans sowohl makroskopisch als auch mikroskopisch durchgeführt werden. Nachfolgend wird der Prozess der mikroskopischen Bewertung mit dem neuen Verfahren beschrieben. Insbesondere werden die in Abschnitt 8.1 aufgeworfenen Fragen beantwortet.

Schritt 1: Makroskopische Bewertung der Software PULEIV als Datengrundlage

Mit der Software PULEIV [MARTIN, 2011b] werden verdichtete Fahrpläne generiert, die mit einem externen Simulationswerkzeug simuliert werden. Nach der Durchführung der Simulation der verdichteten Fahrpläne wird der optimale Leistungsbereich als Datengrundlage für die weitere mikroskopische Bewertung ermittelt.

Schritt 2: Aufteilung des Infrastrukturnetzes

Die zu untersuchende Infrastruktur wird anhand des im Rahmen des Projekts entwickelten Beschreibungsmodells (siehe Kapitel 5) in Fahrwegkomponenten und Basisstrukturen aufgeteilt, die als mikroskopische Belegungselemente für die weitere Untersuchung zu Grunde gelegt werden.

Schritt 3: Berechnung der Kenngrößen Belegungsgrad und Behinderungsgrad

Während der Durchführung der Simulation wird ein Simulationsprotokoll erzeugt, in welchem die notwendigen Informationen zu den Belegungen und Behinderungen (infrastrukturbezogene Kenngrößen) erfasst werden. Die Simulationsprotokolle werden ausgelesen, um Belegungszeiten und Behinderungszeiten der in <u>Schritt 2</u> bestimmten Fahrwegkomponenten auszuwerten und den Belegungs- und Behinderungsgrad für jede Fahrwegkomponente und Basisstruktur zu berechnen.

Schritt 4: Bewertung des Leistungsverhaltens einzelner Belegungselemente

Mittels des neuen Verfahrens kann je nach vorliegender Aufgabenstellung die Betriebsqualität eines Knotens entweder für einen konkreten Fahrplan oder für eine bestimmte Verdichtungsstufe bewertet werden.

- **Bewertung eines konkreten Fahrplans**

  Nach Ermittlung der Abgrenzungen der Bewertungsfelder (wie in Abschnitt 6.3.2.5 beschrieben) wird in diesem Fall jede Basisstruktur anhand der im konkreten Fahrplan tatsächlich auftretenden Belegungs- und Behinderungsgrade einer Qualitätsstufe zugeordnet.

- **Bewertung einer Verdichtungsstufe**

  Werden bei der Untersuchung Fahrplanverdichtungen generiert, kann die Betriebsqualität einer Basisstruktur für eine bestimmte Verdichtungsstufe bewertet werden, indem für jede Basisstruktur der Mittelwert der Belegungs- bzw. Behinderungsgrade in allen Fahrplänen dieser Verdichtungsstufe berechnet wird und der betreffenden Basisstruktur gemäß dieser Kenngrößen eine Qualitätsstufe zugeordnet wird.

<u>Zu Frage 1 a)</u>: *Die Betriebsqualität auf einer Basisstruktur kann auf diese Weise ermittelt werden.*

<u>Zu Frage 1 b)</u>: *Basisstrukturen mit der Betriebsqualität „besser als erforderlich" werden als (lokale) Reserven erkannt.*

Schritt 5: Engpassanalyse

Ausgehend von der Bewertung des Leistungsverhaltens einzelner Belegungselemente können bestehende und potenzielle Probleme in Infrastruktur und Betriebsprogramm durch eine Engpassanalyse (siehe Algorithmen in Kapitel 7) aufgedeckt werden. Die Engpassanalyse mit den im Rahmen des Projekts entwickelten Verfahren kann nur durchgeführt werden, wenn die zufallsbeeinflussten Fahrplanverdichtungen verschiedener Stufen innerhalb des optimalen Leistungsbereichs im Vorfeld generiert und simuliert wurden.

Basierend auf den Engpasskriterien E1-E3 können zunächst Basisstrukturen identifiziert werden, die potentielle Engpässe für das zu bewertende Betriebsprogramm darstellen. Dazu wird die Engpassrelevanz (siehe Kapitel 7) untersucht. Eine Priorisierung der gefundenen Basisstrukturen erfolgt durch die Zuordnung zu einer der drei Stufen (hoch, mittel und niedrig).

Für die Erkennung der bei einer Verdichtungsstufe betrieblich einflussreichen Engpässe kann die Engpasssignifikanz herangezogen werden. Analog zur Engpassrelevanz erfolgt eine Priorisierung nach drei Stufen (hoch, mittel und niedrig).

<u>Zu Frage 2 a)</u>: *Der Indikator Engpassrelevanz eignet sich zur abgestuften Identifikation potentieller Engpässe für ein grobes Betriebsprogramm. Die Aufteilung der Infrastruktur in Basisstrukturen erlaubt dabei eine genaue Lokalisierung der Engpässe.*

<u>Zu Frage 2 b)</u>: *Der Indikator Engpasssignifikanz gestattet es, für jeden potentiellen Engpass diejenige Verdichtungsstufe im optimalen Leistungsbereich zu ermitteln, bei der dieser erstmalig eine hohe Engpasssignifikanz aufweist. Ab dieser Stufe hat der betrachtete Infrastrukturabschnitt folglich erheblichen betrieblichen Einfluss. Wird diese Vorgehensweise für jeden potentiellen Engpass durchgeführt, erhält man eine Priorisierung der potentiellen Engpässe nach deren betrieblichen Einfluss.*

<u>Zu Frage 2 c)</u>: *Sind potentielle Engpässe bereits bei der Basisbelastung (Belastung des Eingangsfahrplans) hoch signifikant, kann in Analogie zur Priorisierung bei der vorigen Frage ermittelt werden, wie stark das gegebene Betriebsprogramm ausgedünnt werden muss, damit der betreffende Engpass seinen erheblichen betrieblichen Einfluss verliert.*

<u>Zu Frage 3 a)</u>: *Die in RePlan entwickelten Methoden zur Identifizierung von Engpässen und zur Bewertung des Leistungsverhaltens einzelner Basisstrukturen geben Aufschluss über die Problembereiche in konkreten Infrastrukturen und legt damit die Grundlage für eine Bestimmung der Ursachen und der damit einhergehenden Auswahl von angemessenen betrieblichen Maßnahmen. Mögliche Maßnahmen betreffen z.B. die Anpassung von Fahrwegen, die Nutzung alternativer geringer belasteter Fahrwege, die zeitliche Verlegung einzelner Zugfahrten oder die Umlegung von Zugfahrten auf nicht ausgelastete Bahnhofsgleise, usw.*

<u>Zu Frage 3 b)</u>: *Wenn betriebliche Maßnahmen keine ausreichende Reduzierung der Engpässe erzielen, sind angemessene infrastrukturelle Maßnahmen zu treffen, wie z. B. ein gezielter Ausbau oder Anpassungen im Umfeld der erkannten Engpässe.*

<u>Zu Frage 3 c)</u>: *Zusammenhängende nicht ausgelastete Basisstrukturen werden bei der Bewertung des Leistungsverhaltens erkennbar. Durch Überlagerung mit den Fahrwegen (Fahrwegkomponenten) kann detailliert nachvollzogen werden, an welchen Stellen eine Erhöhung der Infrastrukturauslastung möglich ist. Die softwareseitige Umsetzung der entwickelten Methoden erlaubt weiter eine anwenderorientierte vergleichende Untersuchung mehrerer Infrastruktur- bzw. Betriebsprogrammvarianten.*

Gesamtüberblick über die Indikatoren allgemeingültiger Leistungsuntersuchungen

In der folgenden Tabelle 3 (Tabelle 8-1) wird überblicksartig verdeutlicht, wie die im Rahmen des Projektes entwickelten Verfahren allgemeingültige Leistungsuntersuchungen (vgl. Abbildung 4-1) ergänzen und ihre Aussagekraft steigern. Für die neu entwickelten Indikatoren sowie die bereits erfolgreich eingesetzten Indikatoren wird dabei jeweils eine typische Frage formuliert. In der Spalte „Bezug" ist angegeben, auf welche Art von Betriebsprogramm der jeweilige Indikator anwendbar ist. Ein Betriebsprogramm kann bei der Bewertung durch einen Indikator in der Form eines groben Betriebsprogramms (z.B. Zugmix) bis hin zu einem konkreten Fahrplan in verschiedenen Abstufungen des Detaillierungsgrades vorliegen (siehe Abbildung 8-1). Schließlich sind die für die Ermittlung der einzelnen Indikatoren zu bestimmenden Eingangsgrößen aufgeführt.

	Indikator	Frage	Bezug	Eingangsgrößen
Betriebsqualität	Verspätungskoeffizient (gesamt/zuggattungsspezifisch) [MARTIN, 2011a]	Werden im Untersuchungsraum Verspätungen auf- oder abgebaut?	Konkreter Fahrplan	Eingangs- und Ausgangsverspätung
Leistungsverhalten	Maximale Leistungsfähigkeit und optimaler Leistungsbereich [MARTIN, 2011a]	Wie hoch ist die maximale Leistungsfähigkeit und wo liegt der optimale Leistungsbereich?	Grobes Betriebsprogramm	Eingangs- und Ausgangsbelastung bei verschiedenen Verdichtungsstufen, Wartezeitfunktion
	Leistungsverhalten einzelner Belegungselemente (vgl. Abschnitt 6.3)	Wie ist die Betriebsqualität auf einem Belegungselement?	Verdichtungsstufe eines groben Betriebsprogramms oder konkreter Fahrplan	Belegungs- und Behinderungsgrad eines einzelnen Belegungselements
Engpassanalyse	Engpassrelevanz (vgl. Abschnitt 7.2)	Wo liegen potentielle Engpässe?	Grobes Betriebsprogramm	• Engpassempfindlichkeit • Nicht erfüllbare Belegungswünsche • Belegungsgrad eines einzelnen Belegungselements
	Engpasssignifikanz (vgl. Abschnitt 7.2)	Ab welcher Belastung erlangen die Engpässe hohen betrieblichen Einfluss?	Verdichtungsstufe eines groben Betriebsprogramms oder konkreter Fahrplan	

Tabelle 8-1:   Indikatoren bei einer Leistungsuntersuchung

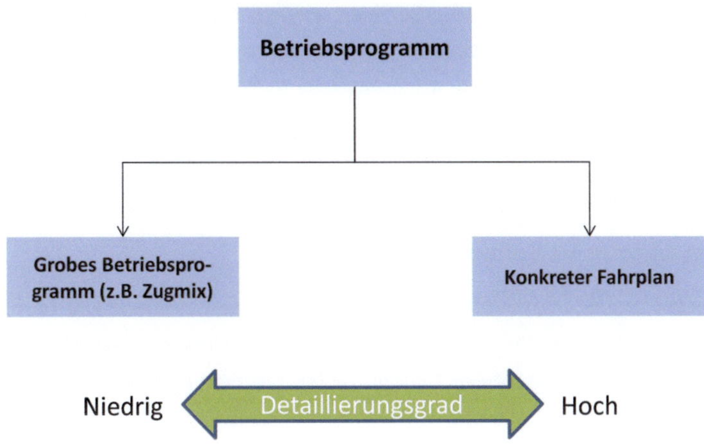

Abbildung 8-1: Verschiedene Detaillierungsgrade eines Betriebsprogramms

Bei der Untersuchung des mikroskopischen Leistungsverhaltens wird der Untersuchungsraum hinsichtlich der Betriebsqualität einzelner Belegungselemente charakterisiert. Bei dieser Charakterisierung liegt der Belegungs- und Behinderungsgrad der einzelnen Belegungselemente zu Grunde (Vier-Felder-Tafel, vgl. Abschnitt 6.3). Das Ziel der Bewertung liegt insbesondere auch in der Erkennung lokaler Reserven im Untersuchungsraum. Offensichtlich hängt die Nutzbarkeit lokaler Reserven von der Erreichbarkeit dieser Bereiche im Netz ab. Durch die in diesem Projekt entwickelte lückenlose Aufteilung der Infrastruktur in Basisstrukturen wird ein Erkennen der nutzbaren Reserven ermöglicht.

Die Bewertung der Betriebsqualität einzelner Belegungselemente ist von der Engpassanalyse für den Untersuchungsraum zu unterscheiden. Ein Belegungselement mit einer guten Betriebsqualität kann selbst durchaus ein Engpass sein, da für die Bestimmung der Betriebsqualität der Belegungs- und Behinderungsgrad des untersuchten Belegungselements genutzt wird, für die Engpassanalyse hingegen auch die Wirkungen des Belegungselements im Zusammenspiel mit dem Betriebsprogramm auf benachbarte Belegungselemente zu berücksichtigen sind. Ein Engpass wird so beispielsweise in benachbarten Belegungselementen hohe Behinderungen verursachen, die als Symptome auf einen Engpass hinweisen. Im Vergleich zur Bewertung des mikroskopischen Leistungsverhaltens wird daher in den neu entwickelten Verfahren bei der Engpassanalyse nicht unmittelbar auf den lokalen Belegungs- und Behinderungsgrad einzelner Belegungselemente zurückgegriffen, sondern auch auf die daraus abgeleiteten Größen „Engpassempfindlichkeit" und „Nicht erfüllbare Belegungswünsche" (vgl. Abschnitt 7.2). Durch diese mikroskopische Betrachtung der einzelnen Belegungselemente unter Berücksichtigung ihrer Wechselbeziehungen entlang der im Betriebsprogramm verwendeten Fahrwege werden die Wirkungen der Engpässe erkennbar, anhand derer die Engpässe selbst lokalisiert werden können.

8.3 Integration in die Software PULEIV

Um allgemeingültige Leistungsuntersuchungen in der praktischen Anwendung zu ermöglichen, wurden das Bewertungsverfahren und die Methoden zur Engpassanalyse im Rahmen des Projekts in die aktuelle Softwareversion des Programms zur Unterstützung bei der Bestimmung des Leistungsverhaltens von Eisenbahninfrastrukturen - PULEIV - integriert.

Diese Integration ermöglicht einerseits den bisher bereits in PULEIV ermittelten optimalen Leistungsbereich für weitere mikroskopischen Bewertungen als Datengrundlage und die Bewertungskriterien direkt anzuwenden und andererseits beliebige Untersuchungsvarianten (Infrastruktur und Betriebsprogramm) ohne Beschränkung auf Knoten oder Strecken systematisch von der makroskopischen bis hin zur mikroskopischen Ebene zu bewerten.

Das neue Bewertungsverfahren für Belegungselemente im Rahmen RePlan wird in PULEIV als ein neues Teilprojekt „Knotenkapazität" umgesetzt. Der Bewertungsbereich besteht aus drei Hauptfenstern (siehe Abbildung 8-2):

- **Bedienung und Grafikeinstellungen:** In diesem Fenster können Betriebsprogramme geladen und zu bewertende Fahrpläne ausgewählt werden. Weiter ist es möglich, eine Vielzahl verschiedener Parameter für die Darstellung einzustellen.
- **Hauptfenster:** Die Infrastruktur und die je nach Fragestellung interessierenden Indikatoren (Qualitätsstufen der Betriebsqualität einzelner Basisstrukturen, Engpassrelevanz/-signifikanz der Basisstrukturen, etc.) werden in diesem Fenster abgebildet.
- **Bewertungsergebnisse:** In diesem Bereich werden sämtliche Bewertungsergebnisse in tabellarischer Form für die einzelnen Belegungselemente sowie Ergebnisse in zusammenfassender statistischer Form ausgegeben.

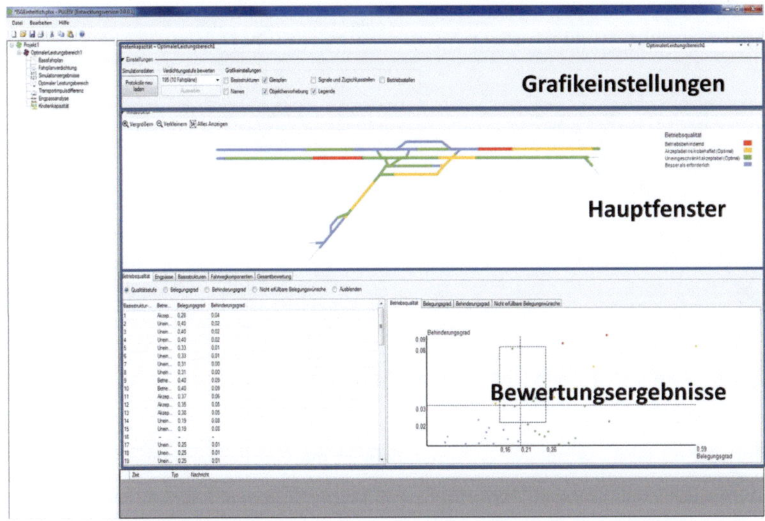

Abbildung 8-2:   Überblick der Umsetzung des RePlan-Verfahrens in PULEIV

8.4   Kernfunktionalitäten

An dieser Stelle werden lediglich die im Rahmen dieses Projekts neu entstandenen Funktionalitäten überblicksartig veranschaulicht. (Martin, Schmidt, & Chu, 2011) enthält weiterführende Informationen der bereits früher in PULEIV implementierten Funktionen. Im Verlauf der softwareseitigen Implementierung erfolgt eine detaillierte Fortschreibung der Programmbeschreibung und des Benutzerhandbuchs. In der Software wurden folgende Kernfunktionalitäten neu umgesetzt:

8.4.1   Automatische Infrastrukturmodellierung

Im ersten Schritt werden die Infrastrukturdaten entsprechend dem Datenformat des eingesetzten Simulationswerkzeugs [VIA CON, 2011] eingelesen und im Hauptfenster dargestellt. Das Beispiel in Abbildung 8-3 zeigt den Gleisplan einer Infrastruktur mit Hauptsignalen und Auflösekontakten.

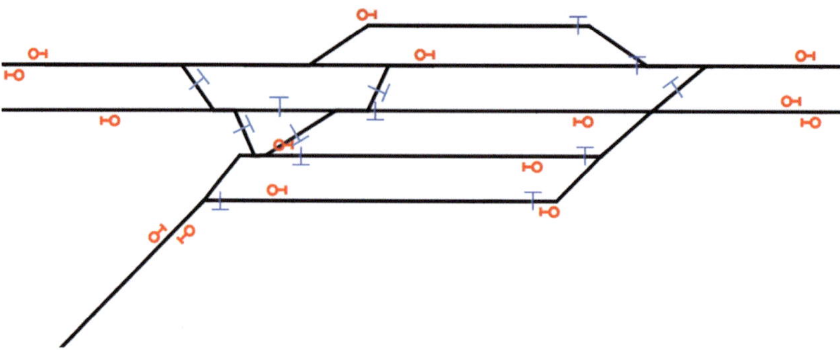

Abbildung 8-3: Darstellung eines Gleisplans in PULEIV

Im nächsten Schritt wird die geladene Infrastruktur in die Belegungselemente **„Fahrwegkomponenten"** und **„Basisstrukturen"** unterteilt und grafisch dargestellt. Abbildung 8-4 zeigt beispielhaft die farbliche Darstellung der Basisstrukturen. Es kann flexibel zwischen verschiedenen Darstellungen umgeschaltet werden.

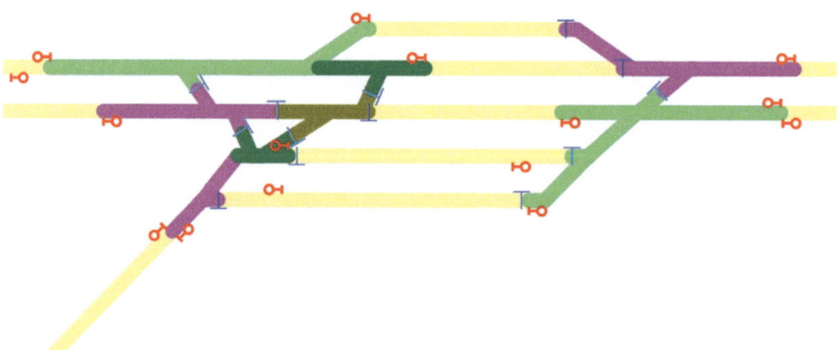

Abbildung 8-4: Darstellung der Infrastrukturmodellierung mit Basisstrukturen

8.4.2   Ermittlung des Leistungsverhaltens einzelner Basisstrukturen

Nach der Simulation wird der Belegungs- und Behinderungsgrad aller Fahrwegkomponenten und Basisstrukturen berechnet. Dadurch kann die Bewertung der Betriebsqualität der einzelnen Basisstrukturen für einen beliebigen Fahrplan oder dessen Verdichtungsstufen durchgeführt werden.

Für jeden Fahrplan oder jede Verdichtungsstufe können folgende wichtige Indikatoren und Kenngrößen bewertet und farblich hervorgehoben werden:

- Betriebsqualität der Basisstrukturen (Abbildung 8-5)
- Belegungsgrad der Basisstrukturen (Abbildung 8-6)
- Behinderungsgrad der Basisstrukturen
- Nicht erfüllbare Belegungswünsche (infrastrukturbezogene Behinderungen)
- Statistische Auswertung: Die Verteilung der Datenpunkte[15] (Abbildung 8-7) sowie die Verteilung der berechneten Kenngrößen Belegungsgrad, Behinderungsgrad und nicht erfüllbare Belegungswünsche können grafisch dargestellt werden

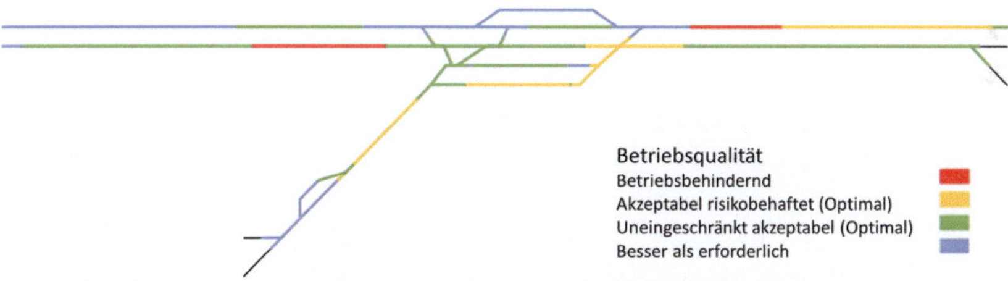

Abbildung 8-5: Mikroskopisches Leistungsverhalten einer Infrastruktur

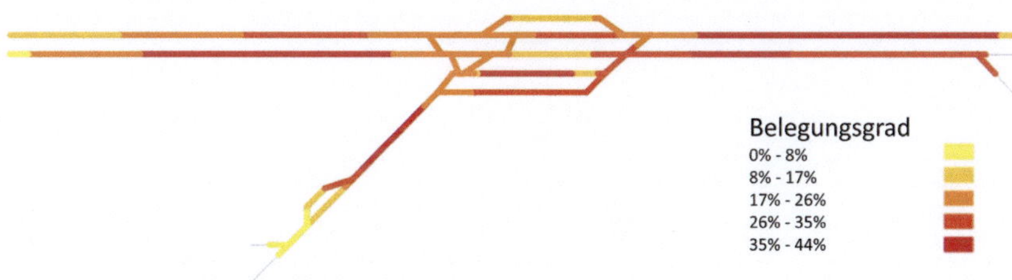

Abbildung 8-6: Belegungsgrad der Basisstrukturen

---

[15] Jeder Punkt stellt das Verhältnis der zwei Kenngrößen (Belegungs- und Behinderungsgrad) eines Belegungselements dar, die aus dem Simulationsprotokoll berechnet werden.

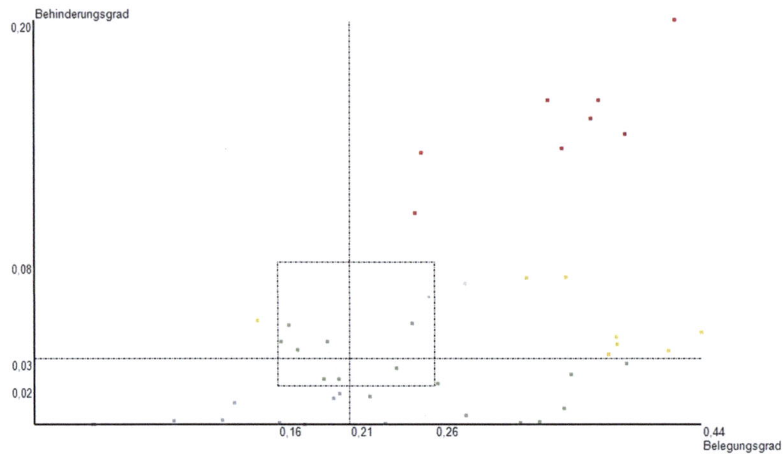

Abbildung 8-7: Simulationsergebnisse des Belegungs- und Behinderungsgrads

8.4.3 Engpassanalyse

Nach einer hinreichenden Anzahl von Simulationen der Fahrpläne mit Belastungen im optimalen Leistungsbereich kann die Engpassanalyse durchgeführt werden. Bei der Engpassanalyse werden die Indikatoren Engpassrelevanz (Abbildung 8-8) und Engpasssignifikanz (Abbildung 8-9) für jede Basisstruktur ermittelt. Die Prioritäten der Engpässe werden jeweils in drei Stufen farblich dargestellt.

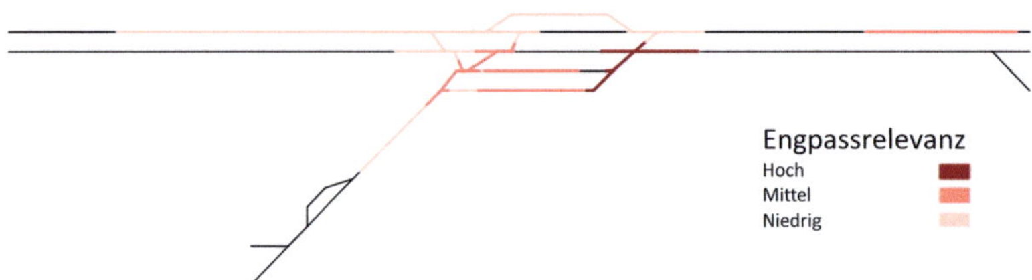

Abbildung 8-8: Engpassrelevanz einer Infrastruktur

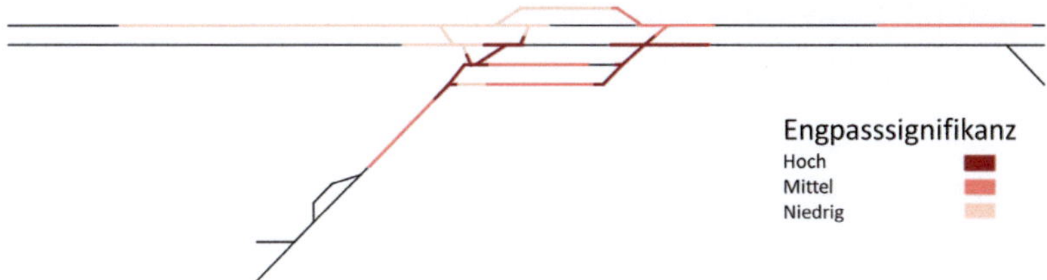

Abbildung 8-9: Engpasssignifikanz einer Infrastruktur

Ausführliche Informationen über die zur Identifizierung der Engpässe benötigten Kenngrößen wie z.B. die Engpassempfindlichkeit, Belegungsgrade, nicht erfüllbare Belegungswünsche sowie daraus abgeleitete Grenzwerte können bei Bedarf angezeigt, ausgedruckt bzw. in eine externe Präsentation übernommen werden.

9 Zusammenfassung und Ausblick

Das entwickelte Bewertungsverfahren für die Knotenkapazität ermöglicht allgemeingültige Leistungsuntersuchungen mithilfe von Simulationen durchzuführen, wobei Strecken und Knoten nun integrativ makro-, meso- sowie mikroskopisch bewertet werden können und das mehrskalige Zusammenwirken der Infrastrukturteile direkt berücksichtigt wird. Durch die Implementierung des Verfahrens in die Software PULEIV kann eine zu untersuchende Eisenbahninfrastruktur unabhängig von deren Komplexität unter verschiedenen Aspekten mit Simulationsverfahren automatisch bewertet werden. Der Stand nach Abschluss dieses Teilprojekts zeigt, dass die Vorgehensweise zielführend war. Es wurde nicht nur das ursprüngliche Ziel erreicht, sondern darüber hinaus sind auch neue Konzepte und weiterführende konstruktive Vorschläge erarbeitet worden. Die neu entwickelten Verfahren und Ansätze vervollständigen die aktuellen Methoden zur Leistungsuntersuchung von Eisenbahninfrastrukturen. Bei makroskopischer Betrachtung können die Kapazität, die Leistungsfähigkeit und die Betriebsqualität des ganzen Untersuchungsraums ermittelt werden, bei mikroskopischer Betrachtung können Schwächen in der Infrastruktur und im Betriebsprogramm mit höchstem Detaillierungsgrad identifiziert werden, die die gesamte Leistungsfähigkeit beeinträchtigen. Darüber hinaus können vorhandene Reserven erkannt und dadurch Nutzungspotenziale ausgeschöpft werden.

Die im Rahmen des Projekts neu entwickelte Infrastrukturmodellierung ermöglicht nicht nur die automatisierte rechnerunterstützte Unterteilung der Infrastruktur, sondern auch eine fahrtrichtungsbezogene Engpasserkennung als wesentliche Grundlage für die korrekte Engpassidentifizierung. In den neuen Verfahren zur Bewertung des Leistungsverhaltens einzelner Belegungselemente und zur Engpasserkennung wird das Zusammenspiel der Kenngrößen Belegungsgrad und Behinderungsgrad berücksichtigt, die bei den existierenden Verfahren bzw. Ansätzen bislang nur isoliert betrachtet werden konnten.

Die Integration des Verfahrens in das vorhandene Programm PULEIV ermöglicht eine anwenderfreundliche Automatisierung der Infrastrukturunterteilung und erweitert die Funktionalitäten zur Leistungsuntersuchung deutlich. Ein weiterer Vorteil besteht in der Möglichkeit, mit PULEIV Leistungsuntersuchungen sowohl für Strecken als auch für Knoten in einem Programm mit einer einheitlichen konsistenten Methodik durchführen zu können.

Die Flexibilität des neuen Infrastrukturmodells ermöglicht die anforderungsgerechte Einbindung in andere Infrastrukturmodelle bzw. Untersuchungsansätze. Z. B. kann ein einzelnes Gleis als eine gesonderte Basisstruktur bewertet werden. Durch die Bündelung mehrerer Basisstrukturen, die verschiedene Gleise umfassen, kann auch gezielt eine Gleisgruppe untersucht werden.

Für Strecken existieren bereits empirische Grenzwerte für die Bewertung des Belegungsgrads. Wegen der hohen Komplexität wurden bislang jedoch noch keine solchen Grenzwerte für Knoten abgeleitet. Werden die neuen Bewertungsverfahren rechnergestützt umgesetzt, kann der Aufwand zur Bewertung für Knoten deutlich gesenkt werden, so dass es möglich wird, die empirischen Grenzwerte für die Bewertung für Knoten aus den Ergebnissen von zahlreichen Untersuchungen zu erlangen.

Allerdings zeigen bereits die im Zusammenhang dieses Projekts durchgeführten Beispieluntersuchungen, dass die im derzeitigen Entwicklungstand implementierten Algorithmen eine hohe Praxistauglichkeit besitzen und somit uneingeschränkt anwendbar sind [MARTIN, 2013].

Künftige Weiterentwicklungen betreffen ergänzend zur Engpasserkennung die weitgehend automatisierte Identifizierung der Ursachen für Engpässe und darauf abgestimmte Gegenmaßnahmen, die Bestimmung konkreter fahrtverlaufsbezogen erschließbarer Fahrwege für konkrete Fahrpläne sowie die (teil-)automatisierte Kalibrierung der bei Leistungsuntersuchungen verwendeten Simulationsmodelle.

10   Glossar

Basisstruktur

Eine Basisstruktur ist ein zusammenhängender Teil der befahrbaren Infrastruktur, der als ungerichtetes Belegungselement in allen Richtungen durch

- das nächstliegende Signal,
- die nächstliegende Signalzugschlussstelle,
- die nächstliegende Fahrstraßenzugschlussstelle (das sind auch die Zugschlussstellen der Teilfahrstraßenauflösung)
- oder den Rand des Untersuchungsraums

begrenzt wird.

Belastung

Die Belastung bezeichnet die Anzahl der Zugtrassen oder Zuglagen im Untersuchungszeitraum, die für Leistungsuntersuchungen im Betrachtungsraum zu berücksichtigen sind [DB NETZ AG, 405 (2008)] . Sie wird in der Einheit [Zug/Zeit] gemessen.

Belegungselement

Ein Belegungselement ist ein gerichteter oder ungerichteter Teil der befahrbaren Infrastruktur (vgl. abweichende Definition in [DB NETZ AG, 405 (2008)]).

Belegungsgrad

Der Belegungsgrad eines Belegungselements ist der Quotient aus der Summe der Sperrzeiten (Belegungszeiten) dieses Belegungselements und dem Untersuchungszeitraum.

Behinderungsgrad

Der Behinderungsgrad eines Belegungselements ist der Quotient aus der Summe der behinderungsbedingten Wartezeiten dieses Belegungselements und dem Untersuchungszeitraum.

Engpass

Ein Infrastrukturabschnitt ist dann ein Engpass, wenn andere Fahrten wegen der Belegung auf diesem Infrastrukturabschnitt so stark beeinträchtigt werden, dass der Betrieb auf benachbarten Abschnitten behindert und damit die Betriebsqualität negativ beeinflusst wird, d.h. dieser Infrastrukturabschnitt wirkt betriebsbehindernd (vgl. abweichende Definition in [DB NETZ AG, 405 (2008)]).

Engpassempfindlichkeit

Die Engpassempfindlichkeit eines Belegungselements bezeichnet die Änderung des Behinderungsgrades in Abhängigkeit des Belegungsgrades auf dem betreffenden Belegungselement.

Engpassrelevanz

Die Engpassrelevanz beschreibt die Wahrscheinlichkeit, dass ein Infrastrukturabschnitt als Engpass unter bestimmten Bedingungen (Struktur des Betriebsprogramms) in Erscheinung tritt und verdeutlicht somit das Engpasspotential innerhalb eines Untersuchungsraums bei Anwendung eines Betriebsprogramms.

Engpasssignifikanz	Die Signifikanz des Engpasses beschreibt, ob ein Engpass in Abhängigkeit von der festgelegten Grenze der Betriebsqualität, der Struktur eines bestimmten Betriebsprogramms und der betrachteten Belastung (Verdichtungsstufe) real auch tatsächlich betrieblichen Einfluss erlangt.
Fahrweg	Als Fahrweg wird die Menge/Folge der Weichen bzw. Teilfahrstraßenknoten und Gleise verstanden, über die ein Zug im Betrachtungsraum vom Einbruchspunkt A bis zum Ausbruchspunkt B verkehren kann (In der Simulation entspricht dies der Folge von Belegungselementen bzw. Kanten). Sinngemäß gilt das Gleiche für beginnende und endende Züge (siehe [DB NETZ AG, 405 (2008)]).
Fahrwegkomponente	Eine Fahrwegkomponente ist ein zusammenhängender Teil der befahrbaren Infrastruktur (z.B. Fahrstraßen, ggf. auch Fahrtabschnitte bis zum nächsten Zielsignal), der als gerichtetes Belegungselement gesondert aufgelöst werden kann.
Infrastrukturabschnitt	Ein Infrastrukturabschnitt ist eine zusammenhängende Vereinigung von ungerichteten Belegungselementen.
Maximale (theoretische) Leistungsfähigkeit	Unter der maximalen (theoretischen) Leistungsfähigkeit versteht man die maximale (unter allen möglichen Zugfolgefällen) Belastung in der stationären Phase des Betriebsablaufs, bei der eine gegebene Infrastruktur mit gegebenem groben Betriebsprogramm (Zugmix) mit maximalem Durchsatz unter Beibehaltung des Zugmixes (Eingangsbelastung = Ausgangsbelastung) arbeitet. Eine weitere Erhöhung der Belastung führt zu einem verminderten Anwachsen bzw. einer Veränderung der Zugmixes des Ausgangsstromes.
Durchsatzbezogene Leistungsfähigkeit	Unter der durchsatzbezogenen Leistungsfähigkeit versteht man die durchschnittliche (Mittelwert über verschiedene Zugfolgefälle) Belastung in der stationären Phase des Betriebsablaufs, bei der eine gegebene Infrastruktur mit gegebenem groben Betriebsprogramm (Zugmix) mit maximalem Durchsatz unter Beibehaltung des Zugmixes (Eingangsbelastung = Ausgangsbelastung) arbeitet. Eine weitere Erhöhung der Belastung führt zu einem verminderten Anwachsen bzw. einer Veränderung der Zugmixes des Ausgangsstromes.
Nicht erfüllbare Belegungswünsche (NEB)	Die „Nicht erfüllbaren Belegungswünsche" eines Belegungselements entsprechen der Summe der behinderungsbedingten Wartezeiten aller Züge, die dieses Belegungselement anfordern können. Sie werden in der Einheit [Zeit] gemessen.

Optimaler Leistungsbereich (OLB)

Bei gegebenem Untersuchungsraum und Betriebsprogramm bezeichnet der optimale Leistungsbereich das Intervall von Belastungen, dessen Untergrenze durch die Belastung mit minimaler relativer Empfindlichkeit der Wartezeitfunktion und dessen Obergrenze durch die Belastung mit maximaler Beförderungsenergie gegeben ist. Für Belastungen innerhalb dieses Bereichs liegt gleichzeitig eine wirtschaftlich optimale sowie kundenfreundliche Auslastung des untersuchten Netzes bei gegebenem Betriebsprogramm vor.

Potentielle Fahrwegreserven

Belegungselemente, auf denen bei einem niedrigen Belegungsgrad kaum oder keine Behinderungen auftreten, werden als nicht ausgelastet erkannt und daher als potentielle Reserven betrachtet. Inwieweit diese Reserven nutzbar sind, hängt von der Möglichkeit ab, diese nicht ausgelasteten Belegungselemente mit lückenlos aneinandergereihten passenden Fahrwegkomponenten zu überdecken.

Verspätungskoeffizient

Der Verspätungskoeffizient eines Untersuchungsraumes ist definiert als Quotient aus Ausgangsverspätung (Ausbruchsverspätung + Endverspätung) und Eingangsverspätung (Einbruchsverspätung + Urverspätung). Verspätungskoeffizienten dienen als Maß für die Betriebsqualität des betrachteten Untersuchungsraums, da sie angeben, ob Verspätungen bei der Fahrt innerhalb des Untersuchungsraums auf- oder abgebaut werden. Auf Grundlage des berechneten Verspätungskoeffizienten kann die Betriebsqualität des Untersuchungsraums einer Qualitätsstufe zugeordnet werden.

Qualitätsstufe	Besser als erforderlich	Wirtschaftlich optimal		Mangelhaft
		Uneingeschränkt akzeptabel	Akzeptabel risikobehaftet	
Verspätungs-koeffizient	0 ... 0,5	0,5 ... 1,0	1,0 ... 1,3	1,3 ...

Die gewählte Zuordnung folgt dabei den entsprechenden Vorgaben aus DB Richtlinie 405 hinsichtlich des Verhältnisses der tatsächlich auftretenden Wartezeiten zum zulässigen Wert bei der Bewertung von Wartezeiten [DB NETZ AG, 405 (2008)]. Statt der Verwendung des Begriffes „Premiumqualität" wird jedoch die Formulierung „Besser als erforderlich" vorgeschlagen.

11 Literaturverzeichnis

[BORNDÖRFER, 2010]   BORNDÖRFER, R., Erol, B., Graffagnino, T. e.: Aggregation Methods for Railway Networks. In: *ZIB-Report* (2010), S. 10-24

[BOSSE, 1995]   BOSSE, G., Martin, U., Pachl, J.: *Anwendung des Simulationsprogramms UX-SIMU zur Leistungsuntersuchung von Strecken.* Institut für Verkehrssystemtheorie und Bahnverkehr Dresden (1995) – Schriftenreihe

[BUSSIECK, 1997]   BUSSIECK, M. R., Winter, T., Zimmermnann, U. T.: *Discrete Optimization in Public Rail Transport.* Braunschweig : Springer, 1997 (79)

[CHU, 2013]   CHU, Z., Cui, Y., Hantsch, F., Li, X.: *Spezifikation PULEIV.* Insitute Eisenbahn- und Verkehrswessen Stuttgart (2013)

[DB NETZ AG, 405 (1999)]   DB NETZ AG: Richtlinie 405 (1999): *Fahrwegkapazität*

[DB NETZ AG, 405 (2008)]   DB NETZ AG: Richtlinie 405 (2008): *Fahrwegkapazität*

[FENGLER, 2007]   FENGLER, W., Böttcher, J.: Eisenbahnknoten strukturiert analysieren. In: *ETR* (2007), Nr. 9, S. 526-532

[HERTEL, 1987]   HERTEL, G., Ludwig, D., Bauer, J.: Leistung und Qualität im Eisenbahntransport. In: *Wissenschaftliche Zeitschrift Hochschule für Verkehrswesen* (1987), Nr. 2, S. 207-234

[KETTNER, 2005]   KETTNER, M.: *Netz-Evaluation und Engpassbehandlung mit makroskopischen Modellen des Eisenbahnbetriebs.*, 2005

[MARTIN, 2008]   MARTIN, U., Li, X., Schmidt, C.: *Allgemeingültiges Verfahren zur praxisorientierten Bestimmung des Leistungsverhaltens von Eisenbahninfrastrukturen (unveröffentlicht).* Insitut für Eisenbahn- und Verkehrswesen Stuttgart (2008) – PULEIV Projektbericht

[MARTIN, 2011a]   MARTIN, U., Schmidt, C., Li, X.: *PULEIV 2 Referenz, Version 2.1.* Verkehrswissenschaftliches Institut Stuttgart GmbH Stuttgart (2011a)

[MARTIN, 2011b] MARTIN, U., Schmidt, C., Chu, Z.: *PULEIV Anwendungsleitfaden, zur PULEIV-Version 2.1.* Verkehrswissenschaftliches Institut Stuttgart GmbH Stuttgart (2011b)

[MARTIN, 2012] MARTIN, U., Chu, Z.: *Neues verkehrswissenschaftliches Journal: Direkte experimentelle Bestimmung der maximalen Leistungsfähigkeit bei Leistungsuntersuchungen im spurgeführten Verkehr.* Verkehrswissenschaftliches Institut Stuttgart e.V. Stuttgart, Universität Stuttgart (2012)

[MARTIN, 2013] MARTIN, U., Chu, Z., Cui, Y., Hantsch, F.: *Leistungsuntersuchung für große Eisenbahnknoten.* Verkehrswissenschaftliches Institut Stuttgart GmbH Stuttgart (2013)

[MARTIN SCHMIDT, 2010] und MARTIN, Ullrich, SCHMIDT, Christine: Erhöhung der Effektivität und Transparenz bei Leistungsuntersuchungen mit Simulationsverfahren. In: *ETR* 59 (2010), Nr. 07+08, S. 463-468

[OETTING, 2005] OETTING, A.: *Physikalische Maßstäbe zur Beurteilung des Leistungsverhaltens von Eisenbahnstrecken.* Fakultät für Bauingenieurwesen Aachen, Dissertation, 2005

[PACHL, 1999] PACHL, J.: *Systemtechnik des Schienenverkehrs.* Stuttgart, Leipzig : B.G. Teubner, 1999

[POTTHOFF, 1962] POTTHOFF, G.: *Verkehrsströmungslehre, Band 1.* Berlin : Transpress, 1962

[RADTKE, 2008] RADTKE, A.: Infrastructure Modelling. In: EURAILPRESS (Hrsg.): *Railway Timetable & Traffic* Hamburg : Eurailpress, 2008. S. 43-57

[RMCON, 2010] RMCON: *RailSys 7 Handbuch.*, 2010

[SCHMIDT, 2009] SCHMIDT, C.: *Neues verkehrswissenschaftliches Journal: Beitrag zur experimentellen Bestimmung der Wartezeitfunktion bei Leistungsuntersuchungen im spurgeführten Verkehr, Band 3.*

Stuttgart: Universität Stuttgart : Verkehrswissenschaftliches Institut Stuttgart, 2009

[SCHWANHÄUßER, 1978] SCHWANHÄUßER, W.: Die Ermittlung der Leistungsfähigkeit von großen Fahrstraßenknoten und von Teilen des Eisenbahnnetzes. In: *AET* 33 (1978), S. 7-18

[SCHWANHÄUßER, 2007] SCHWANHÄUßER, W.: *Qualitätsmaßstäbe zum Leistungsverhalten von Eisenbahnstrecken optimieren.* (2007)

[SIEFER, 2010] SIEFER, T., Gille, A., Klemenz, M.: Applying multiscaling analysis to detect capacity resources in railway networks: Timetable Planning and Information Quality. In: *WIT Press* (2010)

[UIC, 2004] UIC: *Code 406 Capacity.* UIC Paris (2004)

[VAKHTEL, 2002] VAKHTEL, S.: *Rechnerunterstützte analytische Ermittlung der Kapazität von Eisenbahnnetzen.* Fakultät Bauingenieurwesen Aachen, Dissertation, 2002

[VIA CON, 2011] VIA CON: *User Manual Version 2.1 of LUKS.*, 2011

[WAKOB, 1984] WAKOB, H.: *Ableitung eines generellen Wartemodells zur Ermittlung der planmässigen Wartezeiten im Eisenbahnbetrieb unter besonderer Berücksichtigung der Aspekte Leistungsfähigkeit und Anlagenbelastung.* Verkehrswissenschaftliches Institut RWTH Aachen Aachen, Dissertation, 1984

[WEIGAND, 2010] WEIGAND, W.: Untersuchung von Netzknoten - Basis für Ausbauplanungen. In: *ETR* (2010), Nr. 6, S. 354-358

12 Analyse von Teilfahrstraßenknoten bei Leistungsuntersuchungen

Hintergrund

Zur Ermittlung der Knotenkapazität und Erkennung der Engpässe werden die infrastrukturbezogenen Kenngrößen Belegungsgrad und Behinderungsgrad untersucht. Für Infrastrukturen mit komplexer Gleistopologie ist die direkte Berechnung der Kenngrößen für die gesamte Infrastruktur nicht zielführend. Deshalb wird die zu untersuchende Infrastruktur in feinere Belegungselemente unterteilt. Bei Leistungsuntersuchungen kann ein Knoten in Fahrstraßenknoten und Gleisgruppen geteilt werden. Für die genaue Lokalisierung der Schwachstellen innerhalb eines Knotens ist eine solche grobe Unterteilung in der Praxis aber oft unzureichend. Bei analytischen Leistungsuntersuchungen kann ein Fahrstraßenknoten in kleinere Netzelemente, sog. Teilfahrstraßenknoten (Abk.: TFK), unterteilt werden. Zur Ermittlung der infrastrukturbezogenen Kenngrößen und bei der Engpassanalyse der Infrastruktur unterliegen die analytischen Verfahren mit Unterteilung der Infrastruktur in TFK jedoch einigen Beschränkungen und stoßen an Grenzen. Im vorliegenden Arbeitspapier werden die Schwächen der analytischen Verfahren mit TFK unter verschiedenen Aspekten diskutiert. Darüber hinaus sind die Vorteile der Unterteilung in Basisstrukturen im Vergleich zu TFK dargestellt.

Analyse der Definition und Abgrenzung von TFK

In diesem Abschnitt werden TFK unter verschiedenen Aspekten analysiert. Zunächst werden die Definition von TFK und das Grundkonzept bei Verwendung der TFK bei Leistungsuntersuchungen diskutiert. Danach werden die Beschränkungen und die Unvollständigkeit der Abgrenzung von TFK begründet.

Definition von TFK gemäß DB Richtlinie 405 [DB NETZ AG, 405 (2008)]:

„Begriff aus der analytischen Methode. Er wird so abgegrenzt, dass sich in ihm alle Fahrten eines Fahrtenfolgefalls gegenseitig ausschließen."

12.1 Annahmen bei Leistungsuntersuchungen mit analytischen Verfahren

Bei analytischen Leistungsuntersuchungen werden die Infrastrukturen in TFK unterteilt. Ein TFK wird nach der Bedienungstheorie als einkanalige Bedienungsstelle betrachtet, in dem maximal eine Fahrtmöglichkeit zu einem Zeitpunkt stattfinden kann. Bei Leistungsuntersuchung mit TFK gibt es folgende Annahmen:

- Ein TFK umfasst die benachbarten Weichen nach vordefinierten Kriterien. Die Gleise mit Haltepositionen gehören nicht zu den TFK. Nach der Bedienungstheorie sind TFK Bedienungsstellen und Gleise Warteräume. Bei analytischen Verfahren werden die Warteräume als unendlich betrachtet, d.h., es können unendlich viele Züge auf den Gleisen warten. Bei der analytischen Betrachtung bilden jedoch auch die Gleisgruppen selbst eine (mehrkanalige) Bedienstelle. Sind diese Gleisgruppen nicht überlastet, werden die im Verhältnis zu den Bedienstellen der TFK durch die Bedienstellen der Gleisgruppen verursachten geringen Wartezeiten nicht den TFK zugerechnet, auf denen die Züge warten müssen, bevor diese in die betreffende Gleisgruppe einfahren können (vgl. auch [DB NETZ AG, 405 (2008)], Modul 0202, Abschnitt 3, Abs. 7). Diese Vereinfachung reicht je nach Aufgabenstellung und Detaillierungsgrad der Betrachtung aus. Im Rahmen einer detaillierten Engpassanalyse und der damit verbundenen Identifizierung von Ursachen kann die so errechnete Wartezeit jedoch kleiner als die tatsächlich entstehende Wartezeit sein und damit das Ergebnis der Untersuchung verfälschen.

- Um die Annahme der unendlichen Warteräume zu ermöglichen, sollen im analytischen Modell keine Abhängigkeiten zwischen den TFK bestehen, jeder TFK wird als eigenständiges Bedienungssystem untersucht. Verkettungseffekte zwischen verschiedenen TFK werden demzufolge nicht erkannt.

- Standorte der Hauptsignale werden für die Abgrenzung der TFK nicht berücksichtigt.

12.2 Probleme bei Leistungsuntersuchungen auf der Grundlage von TFK

Mit obengenannten Annahmen gibt es einige Probleme bei der Verwendung von TFK in Leistungsuntersuchungen.

- **Unterschiedliche Abgrenzung der TFK**

  Nach der Definition sind TFK einkanalige Bedienungsstellen, auf denen keine gleichzeitigen Fahrtmöglichkeiten für mehrere Züge existieren sollen. Es gibt verschiedene Algorithmen zur Abgrenzung der TFK. Mit laufwegbezogenen Verfahren und fahrstraßenabhängigen Verfahren kann eine Infrastruktur nicht eindeutig abgegrenzt werden, was die Leistungsuntersuchungen wegen ständigem Variantenvergleich erschwert.

  In [DB NETZ AG, 405 (2008)] werden folgende Regeln zur Abgrenzung der TFK vorgeschrieben:

1. Weichenanfang an Weichenanfang oder an Kreuzung(sweiche): Die Weichen bzw. Weiche und Kreuzung(sweiche) gehören zu denselben TFK
2. Weichenanfang an Weichenende: Die Weichen gehören zu denselben TFK
3. Weichenende an Weichenende und abzweigende Stränge in verschiedene Richtungen: Die Weichen gehören zu verschiedenen TFK
4. Weichenende an Weichenende und abzweigende Stränge in dieselbe Richtung ohne Ausschluss im Nachbargleis: Die Weichen gehören zu verschiedenen TFK
5. Weichenende an Kreuzung(sweiche) ohne Ausschluss im Nachbargleis: Die Weichen gehören zu verschiedenen TFK
6. Weichenende an Weichenende und abzweigende Stränge in dieselbe Richtung mit Ausschluss im Nachbargleis: Die Weichen gehören zu denselben TFK
7. Weichenende an Kreuzung(sweiche) mit Ausschluss im Nachbargleis: Die Weichen gehören zu denselben TFK

Die theoretische Grundlage bildet die Dissertation von [VAKHTEL, 2002], in der ein Algorithmus zur eindeutigen infrastrukturbezogenen Abgrenzung der TFK entwickelt wurde.

- **Beschränkung der infrastrukturbezogenen Abgrenzung der TFK**

Bei infrastrukturbezogener Abgrenzung der TFK nach dem Verfahren von [VAKHTEL, 2002] kann ein TFK sehr große Weichenbereiche abdecken (siehe Beispiel in Abbildung 12-1), was die zielgenaue kleinräumigere Lokalisierung von Engpässen unmöglich macht.

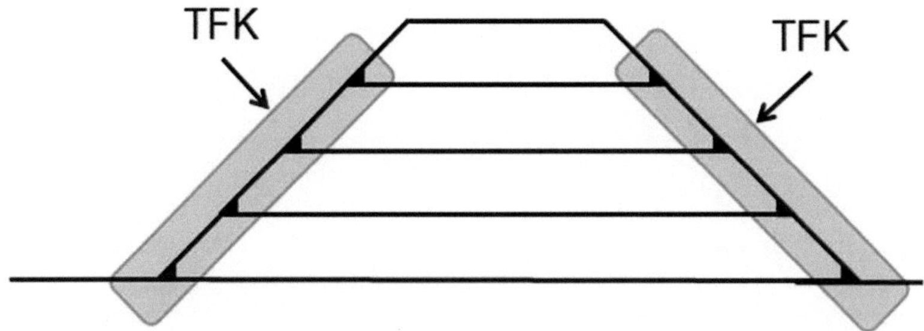

Abbildung 12-1:Abgrenzung der TFK nach dem Verfahren von [VAKHTEL, 2002]

- **Unvollständigkeit bei Abgrenzung der TFK**

  Ein weiterer Mangel der TFK liegt darin, dass bei der Abgrenzung der TFK keine Teilfahrstraßenauflösung berücksichtigt wird, was aber die Belegungen der Belegungselemente stark beeinflussen kann. Für die Gleistopologie des Beispiels in Abbildung 12-2 gehören die Kreuzung k1 und Weiche w1 zu einem TFK und werden bei analytischen Leistungsuntersuchungen als eine einkanalige Bedienungsstelle behandelt. Unter Berücksichtigung von Teilfahrstraßenauflösung kann im realen Eisenbahnbetrieb die Kreuzung k1 für die Fahrt B freigegeben werden, wenn der Zug bei Fahrt A den Auflösekontakt d1 passiert, d. h., es existiert die Möglichkeit, dass zwei Fahrten zu einem Zeitpunkt in dem TFK durchgeführt werden, was nicht mit der dem TFK zugrunde liegenden Annahme übereinstimmt. Der Effekt der Teilfahrstraßenauflösung wird zwar durch eine verkürzte Mindestzugfolgezeit einbezogen, vermindert dadurch aber lediglich den verketteten Belegungsgrad für den gesamten TFK. Eine detaillierte Aufschlüsselung der tatsächlich vorliegenden (Einzel-)Belegungen in den durch den Auflösekontakt d1 getrennten Teilen des TFK kann bei den analytischen Verfahren nicht vorgenommen werden.

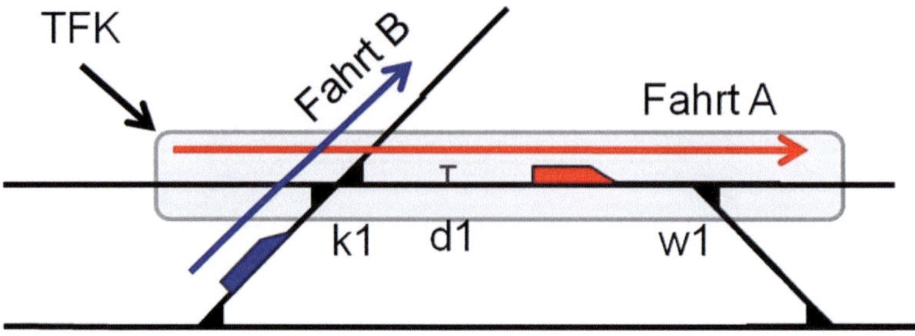

Abbildung 12-2: Fahrmöglichkeiten im TFK

- **Beispiel der unterschiedlichen Unterteilungen**

  Für das in DB Richtlinie 405 [DB NETZ AG, 405 (2008)] dargestellte Beispiel wurden mögliche Signale und Zugschlussstellen eingegeben. Dadurch können für dieses Beispiel die Basisstrukturen erstellt werden. Die Unterteilung des Beispiel-Spurplans in TFK wird in Abbildung 12-3 dargestellt. Die entsprechende Unterteilung in Basisstrukturen für denselben Spurplan wird in Abbildung 12-4 dargestellt.

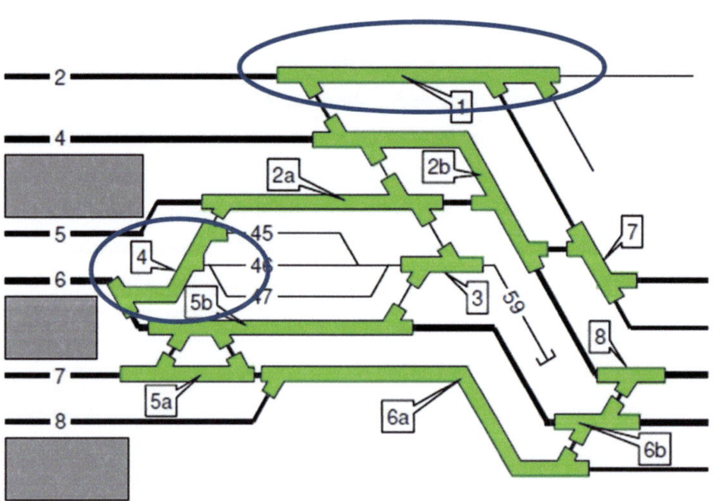

Abbildung 12-3: TFK des Spurplans [DB NETZ AG, 405 (2008)]

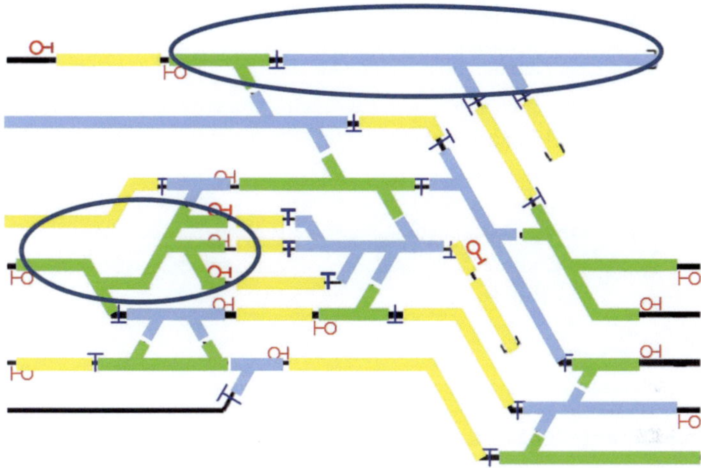

Abbildung 12-4: Basisstrukturen des Spurplans

12.3 Schlussfolgerung

Aus den ausführlich erläuterten Argumenten wird deutlich, dass eine Unterteilung der Infrastruktur in Gleisgruppen und Teilfahrstraßenknoten für eine detaillierte Engpassanalyse mit der Option einer Ursachenerkennung nicht ausreichend ist. Dementsprechend wird in diesem Zusammenhang die neu entwickelte Unterteilung in Basisstrukturen angewendet.

13 Befragung Ulm

13.1 Ablauf der Befragung und der Kalibrierung

Nach der Datenaufbereitung wurden Befragungen für Ulm Hbf durchgeführt und anschließend die Befragungsergebnisse mit den Bewertungsergebnissen des Verfahrens
verglichen. Der komplette Ablauf wird in Abbildung 13-1 dargestellt.

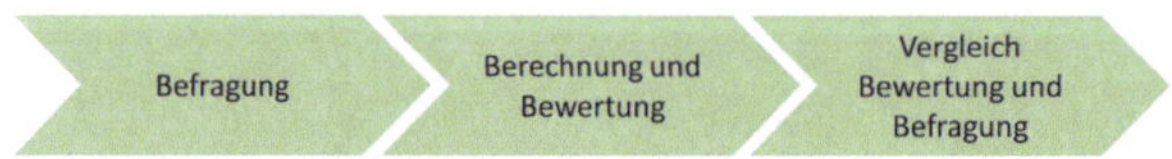

Abbildung 13-1: Ablauf der Befragung und der Kalibrierung

13.2 Durchführung der Befragung

Die Engpässe wurden nach den Erfahrungen des Personals der Betriebszentralen bestimmt. Zudem wurden die Stellen, an denen viele Probleme auftreten und an denen
i.d.R. wenige Probleme auftreten, durch die Befragung identifiziert.

Zielgruppe der Befragung waren Fahrdienstleiter, Mitarbeiter der Betriebszentrale
(nicht für Abstellbahnhöfe und Rangierbahnhöfe), Fahrplanbearbeiter und andere
Sachkundige, die sich in Ulm auskennen.

Als Vorbereitung eines Vorort-Interviews im Stellwerk Ulm wurden den Ansprechpart-
nern ein Motivationsschreiben und Fragebögen zugeschickt. Der Fragebogen war zur
Selbstausfüllung konzipiert und ist daher selbsterklärend aufgebaut. In der Befragung
werden drei Fragearten abgedeckt:

- Bewertung der Betriebsqualität mit der Vier-Felder-Methode,
- Engpässe und
- Bewertungspräferenz.

Das Motivationsschreiben und der Inhalt des Fragebogens werden nachfolgend dargestellt.

Postfach 80 11 40, 70511 Stuttgart

Pfaffenwaldring 7, 70569 Stuttgart

Telefon   0711 685-66370/-66368

Telefax   0711 685-66666

post@vwi-stuttgart.de

www.vwi-stuttgart.de

Sie erreichen uns mit den S-Bahn-Linien

S1, S2, S3 Haltestelle Universität

04. März 2011

Motivation zur Durchführung der Befragung im Rahmen des Projekts Bahnhofskapazität

Sehr geehrte Damen und Herrn,

im Auftrag der DB Netz AG wird ein neuer Ansatz zur Bewertung der komplexen Knotenelemente (Bahnhöfe) im Rahmen des Projekts Freefloat 1, Teilprojekt RePlan - Arbeitspaket 4 (Bahnhofskapazität) entwickelt. Ziel des Forschungsprojekts Freefloat ist es, das Verkehrsangebot im vorhandenen Netz durch Prozessverbesserungen mit Hilfe von Innovationen und ohne größere Investitionen in die Infrastruktur zu erhöhen.

Im Rahmen des Projekts Freefloat 1, Teilprojekt RePlan - Arbeitspaket 4 (Bahnhofskapazität) wird ein neuer Ansatz zur Bewertung der komplexen Knotenelemente (Bahnhöfe) im Vergleich mit den existierenden Verfahren zur Bewertung der Strecken entwickelt. Die vom VWI entwickelten Berechnungs- und Bewertungsverfahren für Bahnhöfe werden durch die geschlossenen Bewertungsverfahren für die Strecken und Netze kalibriert. Daraus ergeben sich verschiedene Varianten für Lösungsansätze.

Die Ergebnisse der Bewertungen ergeben sich aus zahlreichen Simulationen zufällig generierter Fahrpläne nach vorgegebenem Betriebsprogramm. Um die im Projekt Bahnhofskapazität entwickelten Ansätze zu kalibrieren, ist eine Befragung von Experten nötig.

Die Umfrage wird voraussichtlich 30 Minuten dauern. Durch eine Teilnahme an der Umfrage tragen Sie maßgeblich zum Erfolg der Forschungsprojekte und damit verbunden zur Optimierung der Infrastrukturplanung sowie des Betriebs aber auch zur Verbesserung des Wissensstandes bei. Darüber hinaus können Sie bei Ihrer Tätigkeit in Zukunft von den Ergebnissen profitieren.

Alle an dem Projekt beteiligten Mitarbeiter unterliegen einer strengen Verpflichtung zur Vertraulichkeit sowie sämtlichen Anforderungen an den Datenschutz (insbesondere aus der Datenschutz-Richtlinie 95/46/EG, dem Bundes- und dem baden-württembergischen Landesdatenschutzgesetz). Die Fragebögen werden vollständig anonym ausgefüllt und bearbeitet, sodass keinerlei Rückschlüsse auf die Antworten einzelner Befragungsteilnehmer möglich sind. Sämtliche Adressinformationen werden von den Befragungsergebnissen getrennt aufbewahrt und vor Auswertung der Ergebnisse vernichtet. Es werden keine Adressinformationen an Dritte weitergegeben.

Für Ihre Kooperation danken wir Ihnen im Voraus.

Mit freundlichen Grüßen

Univ.-Prof. Dr.-Ing. Ullrich Martin

Erläuterung zum Fragebogen

Vielen Dank für Ihre Teilnahme an dieser Befragung. Mit Ihren Antworten helfen Sie, die Betriebsqualität der Bahnhöfe im Bereich Ulm zu ermitteln und zu verbessern.

Die Beantwortung aller Fragen wird *ungefähr 30 Minuten* dauern. Die komplette Infrastruktur des Untersuchungsbereiches wurde in farblich hervorgehobene Infrastrukturabschnitte unterteilt.

Für die Befragung wurden einige dieser Infrastrukturabschnitte ausgewählt, auf dem beigefügten Plan <u>markiert</u> und mit einer <u>Nummer</u> versehen. **Alle Fragen beziehen sich nur auf diese Infrastrukturabschnitte.**

Fragen zu den Bahnhöfen im Bereich Ulm (siehe Gleisplan)

1.) Nennen Sie bitte bis zehn Infrastrukturabschnitte, die in den Spitzenstunden (07:00 bis 8:00 Uhr) voll belastet werden.

(bitte hier die entsprechenden Nummern der Abschnitte eintragen)

2.) Kennen Sie Infrastrukturabschnitte aus der Antwort 1.), an denen trotz hoher Belastung nur geringe Verspätungen (Behinderungen) entstehen?

Benennen Sie diese bitte mit den entsprechenden Zahlen.

3.) Nennen Sie bitte bis zehn Infrastrukturabschnitte, die sogar in den Spitzenstunden (07:00 bis 08:00 Uhr) NICHT ausgenutzt (überlastet/ausgelastet) werden.

(bitte hier die entsprechenden Nummern der Abschnitte eintragen)

4.) Gibt es auch Infrastrukturabschnitte, bei denen genau das Gegenteil der Fall ist? Also Abschnitte, an denen bei geringer Belastung trotzdem oftmals Verspätungen (Behinderungen) entstehen?

Benennen Sie diese bitte mit den entsprechenden Zahlen, als Teilmenge von Antwort

5.) Wo befinden sich Engpassstellen, die bei einem Störfall bei vielen Zügen zu Verspätungen (Behinderungen) führen?

Benennen Sie diese bitte mit den entsprechenden Zahlen.

6.) **An welchen Abschnitten aus Antwort 5.) kommt es Ihrer Meinung nach besonders oft zu infrastrukturbedingten Störungen?**
Benennen Sie diese bitte mit den entsprechenden Zahlen.

☐ ☐ ☐ ☐ ☐

☐ ☐ ☐ ☐ ☐

7.) **Die Betriebsqualität der Infrastrukturabschnitte wird anhand des Zusammenhangs zwischen Belegung und daraus entstehenden Verspätungen (Behinderungen) in vier Klassen eingeteilt:**

1. **Niedrige Belegung und wenige Verspätung**
2. **Viel Verspätung trotz niedriger Belegung**
3. **Hohe Belegung und viel Verspätung**
4. **Wenige Verspätung trotz hoher Belegung**

Bitte bewerten Sie die Betriebsqualitäten der nachfolgend dargestellten Infrastrukturabschnitte in den vier Klassen. Falls Sie nicht sicher sind, tragen Sie bitte 5 ein.

Infrastrukturabschnitte Nr.	Klasse (1-5)
42	
45	
47	
103	
104	

8.) **Wenn Sie zusätzliche Anmerkungen haben, bitte tragen Sie hier ein.**

Sie haben die Befragung erfolgreich durchgeführt, vielen Dank!

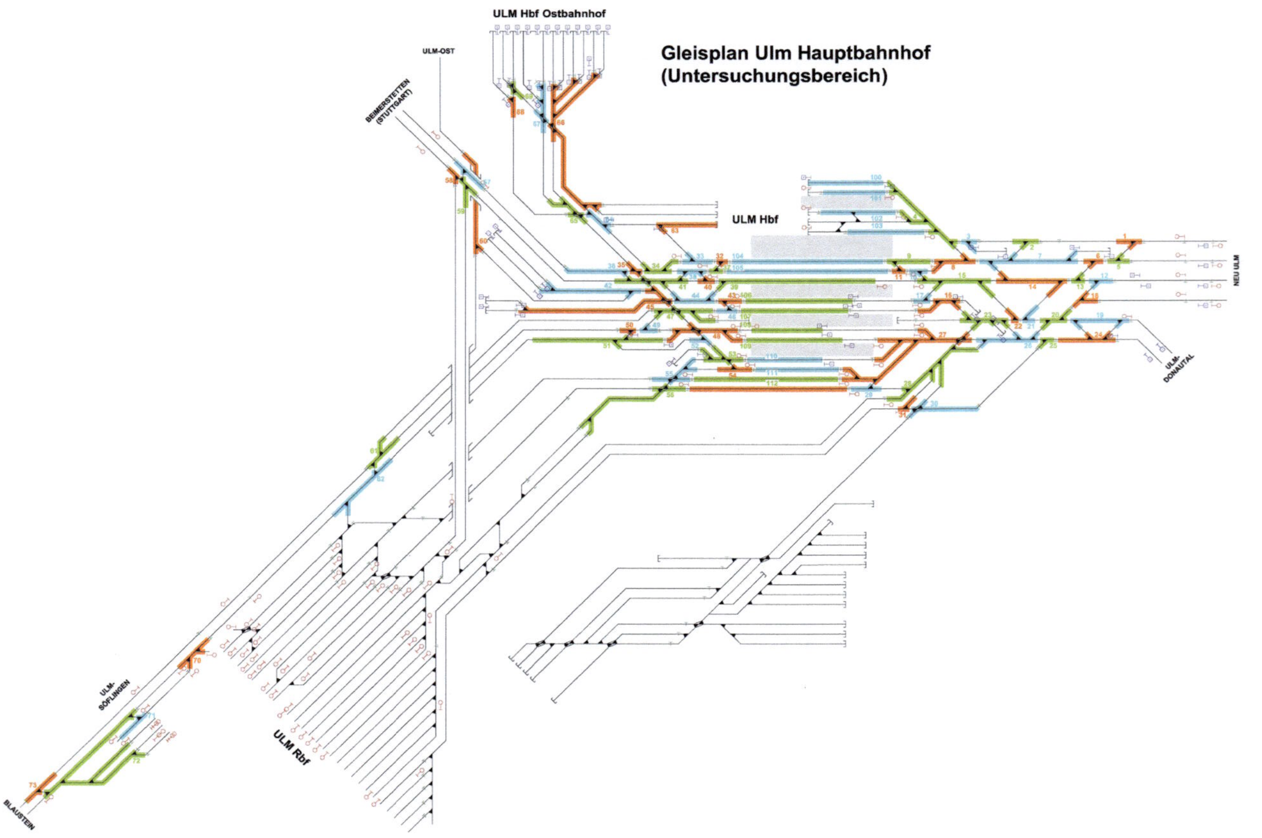

Gleisplan Ulm Hauptbahnhof
(Untersuchungsbereich)
ULM Hbf Ostbahnhof
ULM-OST
BEIMERSTETTEN
(STUTTGART)
ULM Hbf
NEU ULM
ULM-DONAUTAL
ULM-SÖFLINGEN
BLAUSTEIN
ULM Rbf

13.3 Berechnung und Konsistenzprüfung

Die Datenaufbereitung wurde in RailSys (Version 4.0) durchgeführt. Das Infrastruktur-netz wurde zunächst in Fahrwegkomponenten und Basisstrukturen unterteilt. Die zur Bewertung erforderlichen Kenngrößen wurden mit einer Prototyp-Software berechnet. Damit wurden alle Basisstrukturen, die im Fragebogen markiert sind, bewertet.

Durch den Abgleich der Ergebnisse aus Befragung und Berechnung, wurden die Ursa-chen bei abweichenden Ergebnissen analysiert und anschließend das Bewertungsver-fahren kalibriert.

Die Plausibilität der erkannten Engpässe aus verschiedenen Methoden wurde durch eine Konsistenzprüfung nachgewiesen.

Die Einzelergebnisse wurden durch das „absolute-Mehrheit-Prinzip" (siehe Abbildung 13-2) abgeleitet. Es wurden also die Basisstrukturen ausgewählt, deren Häufigkeit bei der Nennung im Fragebogen die Hälfte der Zahl der Befragten übersteigt. Bei Frage 5 (Engpassstellen) werden zum Beispiel die Basisstrukturen, auf denen die Häufigkeit mehr als 6 (bei 12 gültigen Fragebögen) ist, also die Basisstruktur 8, 23, 45, 47 und 58, als Engpass erkannt.

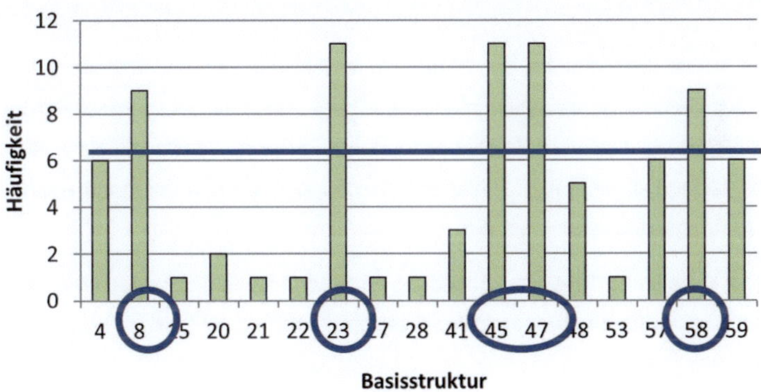

Abbildung 13-2: Das „Absolute-Mehrheit-Prinzip"

Die Ergebnisse der Befragung wurden mit den berechneten Ergebnissen aus der Me-thode 1 (Engpassempfindlichkeit) und der Methode 3 (Übergänge zwischen zwei Kom-ponenten) verglichen. Als Ergebnis der Kalibrierung der Verfahren wurde die vorgeschlagene Methode 3 durch das Kriterium „Belegungsgrad" ersetzt, da dieses Kriterium unterschiedliche Belegungsgrade genauer berücksichtigt.

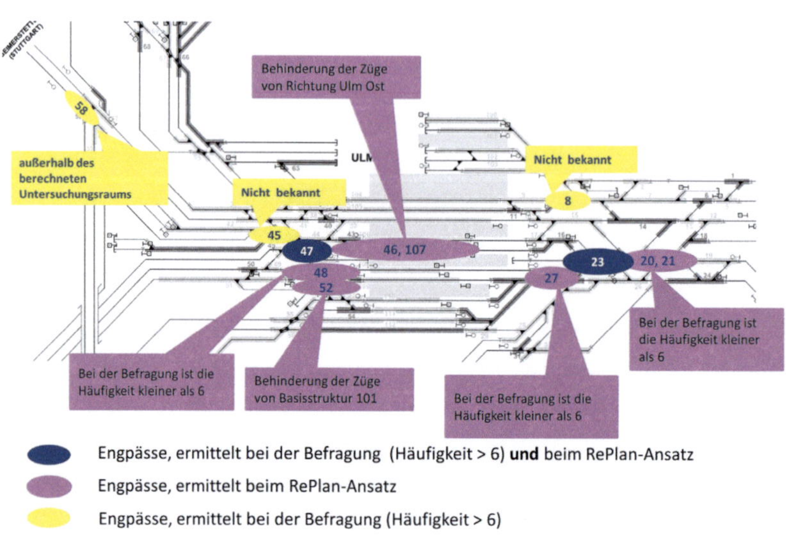

Abbildung 13-3: Vergleich mit der Engpassempfindlichkeit

In Abbildung 13-3 ist der Vergleich der Befragungsergebnisse und der Bewertungsergebnisse mit der Methode „Engpassempfindlichkeit" (vgl. Abschnitt 7.1) dargestellt. Die Basisstruktur 58 konnte nicht vom Bewertungsverfahren erkannt werden, da sie außerhalb des Untersuchungsraums liegt. Andere Abweichungen wurden durch die Anpassung des Bewertungsverfahrens kalibriert.

Die in Tabelle 4 (Abbildung 13-4) und Abbildung 13-5 dargestellten Engpässe besitzen eine hohe Plausibilität, da die ausgewählten Basisstrukturen (23, 27, 46, 47) durch E1 und E3 erkannt werden.

Basisstruktur / Komponente Nr.		Methode 1: Empfindlichkeit des groben Betriebsprogramms		Methode 3: Bewertung des Felds für Fahrplan Z0064_140		Erkannt durch Methode 1&3
Betriebsqualität unbefriedigend	Engpass	Betriebsqualität unbefriedigend	Engpass	Betriebsqualität unbefriedigend	Engpass	
109 / 418	27, 23 / 420	0,637	0	1	1	
110 /584	27, 23 / 482	0,836	0	3	1	Ja
53 / 633	52, 48 / 573	0,514	0,273	1	1	
108 / 380	27, 23 / 404	0,713	0,268	1	1	
107 / 353	46, 47 / 385	0,659	0	3	1	Ja
108 / 405	48, 47 / 479	0,562	0	1	1	
109 /418	27, 23 / 428	0,637	0,021	1	3	
108 /405	48, 47 / 471	0,562	0,482	1	1	
43 /330	107 / 354	0,978	0,23	1	1	
108 / 380	27, 23 / 396	0,713	0	1	1	
107 / 353	46, 47 / 379	0,659	-0,009	3	4	Ja
18 / 364	20, 21 / 219	0,723	0,004	3	3	
108 / 405	48, 47 / 475	0,562	0,172	1	1	
108 / 380	27, 23 / 404	0,713	0,268	1	1	
107 /353	46, 47 / 387	0,659	0	3	1	Ja
108 /405	48 / 489	0,562	0	1	1	
108 /380	27, 23 / 398	0,713	0,202	1	4	

Abbildung 13-4: Vergleich mit der Engpassempfindlichkeit

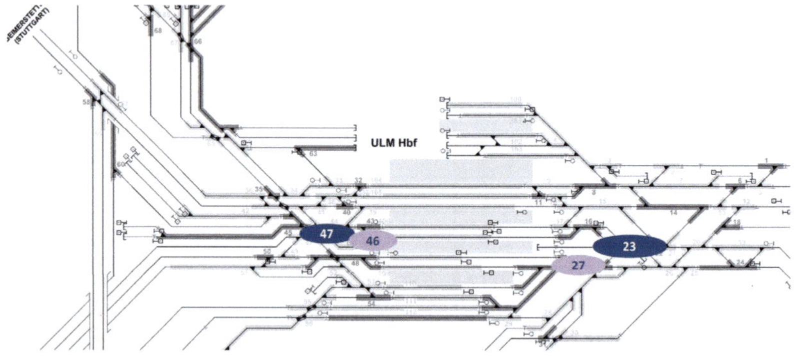

⬤ Engpässe, ermittelt bei der Befragung (Häufigkeit > 6) **und** beim RePlan-Verfahren

⬤ Engpässe, ermittelt nur beim RePlan-Verfahren

Abbildung 13-5: Die Engpässe mit hoher Plausibilität in Ulm Hbf

Fazit

1. Die Ergebnisse der Befragung zeigen die Plausibilität der Bewertungsverfahren von RePlan und verdeutlichen die praktische Anwendbarkeit der entwickelten Methoden.

2. Die entwickelten Verfahren können mit Hilfe von weiteren Befragungen (Befragung für Ulm und zukünftige Betrachtung von anderen Bahnhöfen) weiterentwickelt werden, insbesondere auch im Hinblick auf die Engpassursachen.

3. Das Verfahren ist sehr stark abhängig von der Abgrenzung des Untersuchungsraums, des Algorithmus der Klassifizierung und der Deadlock-Neigung des verwendeten Simulationstools.

4. Ein Software-Tool ist hilfreich, um die Berechnung und die Bewertung der Knotenkapazität automatisiert durchzuführen.

5. Zusätzliche Abweichungen können entstehen, weil sich die Datenbasis des aktuellen Betriebs (Grundlage der Befragung) von den RailSys-Daten aus dem Jahr 2007 (Grundlage für die Berechnung) unterscheidet.

14 Veröffentlichungen

Dynamisierung von Zeitscheiben in Betriebsprogrammen bei Leistungsuntersuchungen

Bei Leistungsuntersuchungen mit simulativen Methoden unter Nutzung von Monte Carlo Algorithmen wird oft ein Betriebsprogramm als Randbedingung vorgegeben. Um die Struktur des Betriebsprogramms bei der Fahrplanverdichtung möglichst beizubehalten, wurden Algorithmen zur „Dynamisierung von Zeitscheiben" entwickelt.

→ Bei der Leistungsuntersuchung eines Eisenbahnnetzes können verschiedene Methoden zur Ermittlung von unterschiedlichen Kennwerten (z. B. Betriebsqualität, Durchführbarkeit, usw.) angewendet werden. Eine typische Problemstellung ist die Ermittlung der Betriebsqualität unter Berücksichtigung der Eingangsparameter (Betriebsprogramm, Fahrzeugeigenschaften und Infrastruktur). Zwei übliche Ansätze zur Lösung dieses Problems sind die simulative und die analytischen Methoden. Beide Ansätze haben ihre spezifischen Anwendungsbereiche. Die analytischen Methoden, wie Wendler [8] skizziert, „bieten funktionale Beziehungen zwischen Auslastung und Qualität an." – Insbesondere wenn homogene Strukturen untersucht werden sollen. Im Vergleich dazu stellen simulative Modelle situationsspezifische Aussagen über das Verhalten von Auslastung und Qualität zur Verfügung. In der praktischen Anwendung sind die Probleme nicht selten zu komplex, um diese mit analytischen Methoden zu lösen. So lässt sich beispielsweise die Infrastruktur größerer Eisenbahnknoten nur schwer in mathematisch beherrschbare Einheiten aufteilen. Aus diesem Grund wird ein Monte Carlo Algorithmus für die Leistungsuntersuchung des Eisenbahnnetzes [7] eingesetzt. Damit können durch eine Simulation, trotz der Komplexität des Problems, funktionale Beziehungen zwischen Auslastung und Qualität abgeleitet werden. Bei der Verwendung von Monte Carlo Algorithmen ist eine geeignete Methode zur Generierung der Stichprobe entscheidend. Einerseits müssen hinreichend zufällige Stichproben generiert werden, andererseits müssen die generierten Stichproben der Realität entsprechen.

Dieser Zusammenhang wird im Rahmen eines DFG Projekts [4] „Direkte experimentelle Bestimmung der maximalen Leistungsfähigkeit bei Leistungsuntersuchungen im spurgeführten Verkehr" näher untersucht. Ziel des DFG Projekts ist die Bestimmung der maximalen Leistungsfähigkeit mit einer möglichst geschlossenen Lösung auf der Grundlage simulativer Methoden. Die in diesem Artikel dargestellten Ergebnisse sind ein Zwischenergebnis dieses DFG Projekts.

1. AUSGANGSLAGE

1.1. ANALYTISCHE METHODE ZUR ERMITTLUNG DER WARTEZEITFUNKTION

Um eine analytisch funktionale Beziehung zwischen Auslastung und Qualität herzustellen, sind die Infrastruktur und das Betriebsprogramm (Fahrplan) durch ein bekanntes mathematisches Modell abzubilden. Eines der oft verwendeten Modelle ist das Bediensystem aus der Bedienungstheorie. Im ersten Schritt wird die Infrastruktur in kleinere, möglichst homogene Einheiten aufgeteilt, damit jede Einheit die Eigenschaften eines Bediensystems erfüllt. Anschließend werden die Anforderungen und Bedienzeit einer Einheit anhand des Betriebsprogramms und der Fahrzeugeigenschaften angepasst. Danach lässt sich der Belegungsgrad jeder Einheit recht einfach bestimmen. Zuletzt kann die Wartezeitfunktion mit Hilfe der Eigenschaften des Bediensystems mathematisch abgeleitet werden.

1.2. SIMULATIVE METHODE MIT MONTE CARLO ALGORITHMUS

Wie bereits erwähnt, lassen sich Aufgabenstellungen bei komplexeren Strukturen oft nur schwer analytisch lösen. Für diese Fälle ist

Dipl.-Math. Zifu Chu
Akademischer Mitarbeiter am Institut für Eisenbahn- und Verkehrswesen der Universität Stuttgart (IEV), Stuttgart

zifu.chu@ievvwi.uni-stuttgart.de

Prof. Dr.-Ing. Ullrich Martin
Direktor des Instituts für Eisenbahn- und Verkehrswesen der Universität Stuttgart (IEV) und des Verkehrswissenschaftlichen Instituts Stuttgart

ullrich.martin@ievvwi.uni-stuttgart.de

die simulative Methode unter Verwendung eines Monte Carlo Algorithmus sehr hilfreich. In [7] wird der allgemeine Vorgang einer Leistungsuntersuchung mit simulativen Methoden vorgestellt. Das Simulationsmodell zur Untersuchung eines Infrastrukturabschnitts muss die Infrastruktur in geeigneter Form abbilden und alle Modellzugeigenschaften enthalten. Des Weiteren ist die Definition des Betriebsprogramms (Zugeigenschaften und Zugmix) bzw. eines (Eingangs-) Fahrplans grundlegend. Diese enthält alle Zuglaufgruppen und ihre Häufigkeitsverteilung. Im nächsten Schritt sind die Fahrpläne mit verschiedenen Verdichtungsstufen[3] als Stichproben zu generieren; diese werden als Fahrplanverdichtungen bezeichnet. Danach wird die Simulation der generierten Fahrpläne durch ein entsprechendes Simulationswerkzeug (z. B. RailSys [6], LUKS [2]) durchgeführt. Anhand des Simulationsprotokolls können die wichtigen Zwischenergebnisse (z. B. Beförderungszeiten, Eingangs- und Ausgangsbelastung sowie die Wartezeiten) ausgewertet werden. Nach der Methode von [7] ist die maximale Leistungsfähigkeit durch das Verhalten zwischen Eingangs- und Ausgangsbelastung abzustimmen. Schließlich wird die Wartezeitfunktion

$$ETw(\eta) = \frac{a \cdot \eta}{(1-\eta)^b}$$

(a, b: Parameter der Wartezeitfunktion,

η: Auslastungsgrad)

durch Approximationsverfahren mit den punktuellen Daten der Auslastung (Quotient von Eingangsbelastung und maximaler Leistungsfähigkeit) und der Qualität (Wartezeiten) bestimmt. Aus der stetigen, monoton steigenden Wartezeitfunktion ist der optimale Leistungsbereich ermittelbar. Dabei wird der optimale Leistungsbereich durch das Minimum der Funktion „relative Empfindlichkeit"

$$S_{rel}(\eta) = \frac{ETw'(\eta)}{ETw(\eta)}$$

und durch das Maximum der Funktion „Beförderungsenergie"

$$B_{bef}(\eta) = \frac{\eta}{1 + \frac{ETw(\eta)}{ET_r}},$$

(ET_r: durchschnittliche Grundbeförderungszeit)

begrenzt. (siehe [1] und [5])

1.3. BEDINGUNGEN BEI DER FAHRPLANVERDICHTUNG

In diesem Abschnitt werden drei zu erfüllende Bedingungen für die Fahrplanverdichtung diskutiert.

Erstens müssen die generierten Fahrpläne (Stichproben) nach der Grundidee der Monte Carlo Algorithmen eine zufällige Komponente besitzen. Da andere Parameter, wie Fahrweg, Fahrzeugeigenschaften und Betriebsprogramm/Zugmix, zu Beginn der Leistungsuntersuchung schon festgelegt sind, ist die Zufälligkeit durch den Abfahrtszeitpunkt der Züge in den Fahrplänen zu realisieren. Hier dient die Zufälligkeit der Fahrpläne bzw. Abweichungen vom Eingangsfahrplan zur Nachbildung der außerplanmäßigen Störungen im Betrieb.

Zweitens ist das Betriebsprogramm (Zugmix) nach Möglichkeit beizubehalten. Es kann nicht gewährleistet werden, dass die Zugzahl in den Fahrplanverdichtungen mit verschiedenen Verdichtungsstufen immer ganzzahlig ist (z.B. 1 Zug/h · 150 %). Jedoch darf in Simulationswerkzeugen nur eine ganzzahlige Anzahl von Zügen auftreten. Daher muss der gebrochene Anteil an Zügen in jeder Zuglaufgruppe im Fahrplanverdichtungsalgorithmus so angepasst werden, dass das Betriebsprogramm (Häufigkeitsverteilung der Zuglaufgruppe) nicht signifikant verändert wird. Ein allgemein anerkanntes Kriterium lautet, dass der Erwartungswert der generierten ganz-

zahligen Zugzahl der erwünschten Zugzahl der jeweiligen Fahrplanvariante entspricht. Außerdem ist die Varianz der Zugzahl möglichst klein zu halten.

Drittens ist der Takt im Fahrplan bedeutend. Es ist anzunehmen, dass die Züge – zumindest im Personenverkehr – in den meisten realen Fahrplänen getaktet verkehren, d.h. die Züge innerhalb einer Zuglaufgruppe fahren immer im gleichen Zeitabstand. In Leistungsuntersuchungen für langfristige Planungen ist oftmals kein Fahrplan bekannt; außerdem müssen zufällige Störungen im Betrieb betrachtet werden. Deswegen wird weder ein Abfahrtszeitpunkt der Züge, noch ein Zeitabstand zwischen den Abfahrtszeitpunkten zweier Züge innerhalb einer Zuglaufgruppe festgelegt. Jedoch muss der Fahrplan in einer gewissen Ordnung einen Takt besitzen. Dabei spielt die Zeitscheibe, wie sie in PULEIV [3] definiert ist (siehe Abschnitt 2), eine entscheidende Rolle für das Ergebnis der Leistungsuntersuchung.

2. ZEITSCHEIBEN UND FAHRPLANVERDICHTUNGSALGORITHMEN

2.1. ANWENDUNG DER ZEITSCHEIBEN IN NEMO

NEMO ist ein von der Ingenieurgesellschaft für Verkehr- und Eisenbahnwesen mbH entwickeltes Programm, das zusammen mit dem Simulationswerkzeug RailSys für die Bewertung infrastruktureller und betrieblicher Maßnahmen genutzt werden kann (siehe [8]).

Die Zeitscheiben in NEMO dienen jedoch zur Aufteilung eines Tages in kleinere Zeitintervalle, in denen sich das Betriebsprogramm wesentlich ändert. So ist im Vergleich der Anteil der Güterzüge in der Nachtzeitscheibe (20 - 5 Uhr) deutlich höher, als in der Tageszeitscheibe (9 - 16 Uhr). Solche Zeitintervalle des Fahrplans werden separat untersucht, um für jedes Zeitintervall ein signifikantes Ergebnis zu bekommen.

2.2. VORHANDENE FAHRPLANVERDICHTUNGSALGORITHMEN IN PULEIV

PULEIV (Programm zur Untersuchung des Leistungsverhaltens) ist eine vom Verkehrswissenschaftlichen Institut Stuttgart GmbH entwickelte Software. Der Hauptzweck von PULEIV besteht darin, Leistungsuntersuchungen von Eisenbahninfrastrukturanlagen und insbesondere die Ermittlung des optimalen Leistungsbereichs zu vereinfachen. In PULEIV wird der Begriff „Fahrplanausschnitt" für die Aufteilung des Fahrplans verwendet. Für jede Untersuchung in PULEIV wird zuerst ein Fahrplanausschnitt festgelegt, damit das zu untersuchende Zeitintervall des Fahr-

plans klar definiert ist. Die „Zeitscheibe" in PULEIV wird für die gleichmäßige Verteilung der Abfahrtszeitpunkte bei der Fahrplanverdichtung verwendet. Nachfolgend wird die Zeitscheibe nach der in PULEIV verwendeten Definition betrachtet. In diesem Zusammenhang ist der Begriff „Simulationszeitraum" von besonderer Bedeutung. Die generierten Fahrpläne enthalten nur die Zugfahrten im Simulationszeitraum (z.B. 0 – 6 Uhr). Die Länge des Simulationszeitraums muss mindestens der Länge des zu untersuchenden Zeitraums entsprechen.

Die Fahrplanverdichtung in PULEIV kann durch „Modellzug[i] kopieren" vorgenommen werden. Durch verschiedene Algorithmen wird jeder Modellzug einer Zuglaufgruppe mit unterschiedlichen Regeln mehrmals mit abweichenden Fahrplanlagen innerhalb des Simulationszeitraums kopiert. Die kopierten Züge einer Zuglaufgruppe unterscheiden sich somit nur durch die Abfahrtszeitpunkte. Im Folgenden werden die zwei vorhandenen Algorithmen in PULEIV vorgestellt und die zugehörigen Vor- und Nachteile verglichen.

Zufällige Züge einlegen
Ziel des Algorithmus ist es, die Abfahrtszeitpunkte der Züge zufällig so zu generieren, dass jeder Abfahrtszeitpunkt im Simulationszeitraum für jeden Zug gleich wahrscheinlich ist und die Abfahrtszeitpunkte der einzelnen Züge unabhängig voneinander sind.

Die Länge der Zeitscheibe ist vor der Verwendung des Algorithmus unter der Bedingung, dass der vorher festgelegte Simulationszeitraum ganzzahlig durch die zu definierende Länge der Zeitscheibe teilbar sein muss, vorzugeben. Um die Zugfahrten auf den Simulationszeitraum zu verteilen, wird dieser gleichmäßig in Zeitscheiben unterteilt. Anschließend wird jede Zeitscheibe mit Zugfahrten belegt, deren Anzahl der festgelegten Verdichtungsstufe bzw. der erwünschten Gesamtzugzahl entspricht. Die erwünschte Zugzahl in einer Zeitscheibe ergibt sich aus der Division der erwünschten Gesamtzugzahl durch die Anzahl der Zeitscheiben im Simulationszeitraum. Da in jeder Zeitscheibe nur eine ganzzahlige Anzahl Züge auftreten kann, wird die erwünschte Zugzahl in einem weiteren Schritt gerundet. Die Anzahl der Züge wird so gerundet, dass sich als Erwartungswert wiederum die erwünschte Zugzahl ergibt. Um dies zu gewährleisten, wird eine Zufallszahl zwischen 0 und 1 generiert und mit dem Nachkommarest der erwünschten Zugzahl verglichen. Falls die Zufallszahl kleiner ist, wird die Zugzahl aufgerundet, sonst wird die Zugzahl abgerundet. Die Abfahrtszeiten der Züge werden anschließend zufällig mit einer Gleichverteilung innerhalb der Zeitscheibe festgelegt. In Bild 1 wird dieser Algorithmus veranschaulicht.

Auf Grund der Gleichverteilung der Abfahrtszeitpunkte wird die Bedingung der „Zufällig- »

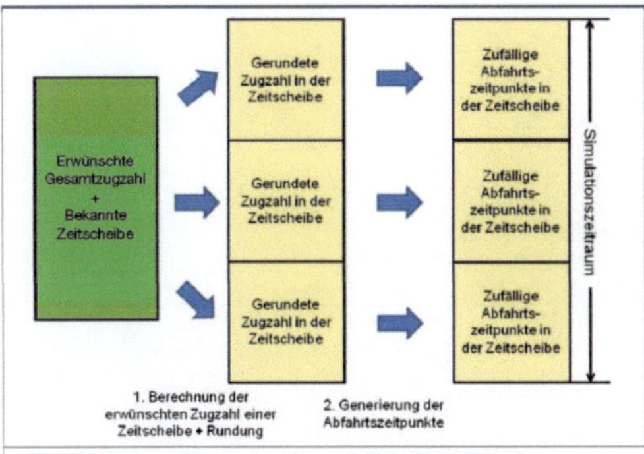

BILD 1: Fahrplanverdichtungsalgorithmus „Zufällige Züge einlegen"

[Quelle aller Bilder: Autoren]

keit" (siehe Abschnitt 1.3) erfüllt. Um zu prüfen, ob das Betriebsprogramm beibehalten wurde, wird ein algorithmischer Test durchgeführt.

Es wird beispielhaft angenommen, der Simulationszeitraum erstreckt sich von 0 bis 6 Uhr. Alternativ werden Zeitscheiben von zwei und drei Stunden angewendet, um die Varianz der Zugzahl zu vergleichen. An dieser Stelle wird die Zugzahl nur für eine Zuglaufgruppe generiert, wobei die erwünschte Gesamtzugzahl von 0 bis 12 verläuft. Schließlich wird die Varianz der Zugzahl berechnet. Die Ergebnisse sind in Bild 2 dargestellt.

Im Bild ist zu erkennen, dass die Varianzen der Zugzahl mit einer vorgegebenen Zeitscheibe (3 Stunden) nicht immer kleiner sind als mit der anderen Zeitscheibe (2 Stunden). Die kleinste Varianz der Zugzahl kann also nicht mit einer (willkürlich) vorgegebenen Zeitscheibe gewährleistet werden.

Die dritte Bedingung wird zum Einen durch die Gleichverteilung der Züge jeder Zuglaufgruppe in jeder Zeitscheibe über den Simulationszeitraum erfüllt. Andererseits wird der durchschnittliche Abstand der Abfahrtszeitpunkte zweier nacheinander fahrender Züge – mindestens innerhalb einer Zeitscheibe –

nicht immer wie erwünscht gewährleistet. Ist die erwünschte Zugzahl einer Zeitscheibe beispielsweise 1,5, wird die Zugzahl nach dem Algorithmus entweder auf eins oder zwei festgelegt. Dies führt dazu, dass der durchschnittliche Abstand der Abfahrtszeitpunkte entweder „Länge der Zeitscheibe"/2 oder „Länge der Zeitscheibe" wird. Jedoch beträgt der erwünschte durchschnittliche Abstand „Länge der Zeitscheibe"/1,5.

Fahrplan komprimieren

Die Grundidee des Algorithmus ist die Verdichtung eines vorhandenen Fahrplans, der durch die Verkleinerung bzw. Vergrößerung der Zugfolgezeiten umgekehrt proportional zur Verdichtungsstufe realisiert wird. Um den Simulationszeitraum vollständig zu füllen, werden dazu ggf. mehrere komprimierte Zeitabschnitte hintereinandergereiht. Anschließend werden diese Zeitabschnitte nach dem Simulationszeitraum geschnitten. In Bild 3 wird dieser Algorithmus veranschaulicht.

Dieser Algorithmus ist im Gegensatz zu „Zufällige Züge einlegen" deterministisch. Mit demselben Eingangsfahrplan ergibt sich mit derselben Verdichtungsstufe immer derselbe Fahrplan. Das bedeutet, dass die dadurch generierten Fahrpläne keine Zufälligkeit bzgl. des Eingangsfahrplans bzw. des vorgegebenen Betriebsprogramms besitzen. Wegen dieser Eigenschaft des Algorithmus (keine Zufälligkeit) wird das Betriebsprogramm so gut wie nie geändert und die generierten Fahrpläne sind getaktet. Dadurch werden zwar die zweite sowie die dritte Bedingung aus Abschnitt 1.3 erfüllt – nicht jedoch die erste.

3. DYNAMISIERUNG VON ZEITSCHEIBEN

Mit einer (willkürlich) vorgegebenen Zeitscheibe (vgl. Abschnitt 2.2) wird das Betriebsprogramm bei einigen Fahrplanverdichtungen (Ganzzahl + 0,5 Züge/h in einer Zeitscheibe) mit großer Wahrscheinlichkeit verändert, weil die Varianz der Zugzahl jeder Zuglaufgruppe relativ groß ist. Um dieses Problem zu lösen, ist eine Dynamisierung der Zeitscheiben sinnvoll.

3.1. DYNAMISIERUNG VON ZEITSCHEIBEN MIT GANZZAHLIGER ZUGZAHL

Aus Bild 2 kann entnommen werden, dass die Varianz der Zugzahl einer Zuglaufgruppe von ganzzahlig n · Anzahl der Zeitscheiben bis (n + 0,5) · Anzahl der Zeitscheiben ansteigt. Nach (n + 0,5) · Anzahl der Zeitscheiben bis (n + 1) · Anzahl der Zeitscheibe sinkt die Varianz wieder ab. Bei jedem ganzzahligen n bleibt die Varianz Null. Demzufolge gilt, dass die große Varianz der Zugzahl bei der Fahrplanverdichtung auf die Nachkomma-

BILD 2: Vergleich der Varianz der Zugzahl von verschiedenen Zeitscheiben

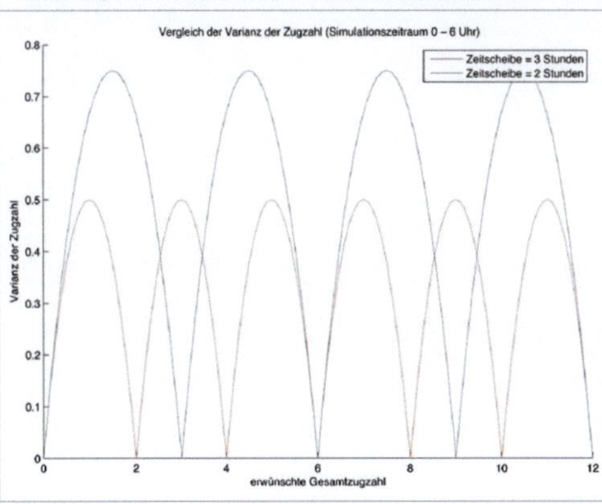

zahl der Züge in der Zeitscheibe zurückzuführen ist. Ausgehend von dieser Erkenntnis ist ein Algorithmus erforderlich, der bei der Fahrplanverdichtung immer nur einen Zug in einer Zeitscheibe für eine Zuglaufgruppe generiert. Eine Möglichkeit ist, die Länge der Zeitscheibe nach der erwünschten Zugzahl dynamisch bestimmen zu lassen. Ein entsprechender Algorithmus lässt sich wie folgt spezifizieren:

1. Für jede Zuglaufgruppe wird die erwünschte Gesamtzugzahl mit der originalen Belastung, der Verdichtungsstufe sowie dem Simulationszeitraum festgelegt und gerundet.
2. Die Länge der Zeitscheibe, in der nur ein Abfahrtszeitpunkt der Zuglaufgruppe auftreten kann, wird durch die Division des Simulationszeitraums durch die Gesamtzugzahl der Züge in einer Zuglaufgruppe ermittelt.
3. In jeder Zeitscheibe wird eine Zufallszahl als Abfahrtszeitpunkt des einzigen Zugs der Zuglaufgruppe generiert.

Als Ergebnis entstehen zuglaufgruppenspezifische Zeitscheiben. Bild 4 zeigt ein Beispiel zur Veranschaulichung des Algorithmus. Mit diesem Algorithmus kann der Erwartungswert der Zugzahl wie „Zufällige Züge einlegen" (vgl. Abschnitt 2.2) gewährleistet werden. Die Varianz der Zugzahl einer Zuglaufgruppe ist immer kleiner gleich der Varianz von „Zufällige Züge einlegen". Der mathematische Nachweis ist in [4] enthalten. Demzufolge gilt die Aussage, dass die Varianz der Zugzahl von „Dynamisierung von Zeitscheiben" ≤ der Varianz der Zugzahl von „Zufällige Züge einlegen" ist.
In Bild 5 wird der Vergleich der Varianz der Zugzahl von beiden Algorithmen dargestellt. Nach Abschnitt 1.3 sind drei Bedingungen bei der Fahrplanverdichtung zu erfüllen. Die ersten zwei Bedingungen sind durch die Zufallszahl des Abfahrtszeitpunkts und der mathematischen Ableitung durch den entworfenen Algorithmus erfüllt. Die dritte Bedingung kann aber analog zum „Zufällige Züge einlegen" nur teilweise erfüllt werden. Die Züge einer Zuglaufgruppe können in jeder Zeitscheibe gleichmäßig im Simulationszeitraum verteilt sein. Aber der durchschnittliche Abstand der Abfahrtszeitpunkte zweier nacheinander fahrender Züge wird nicht immer wie erwünscht gewährleistet. Ist die erwünschte Gesamtzugzahl einer Zuglaufgruppe beispielsweise 1,5, wird die Anzahl der Zeitscheiben nach dem Algorithmus entweder auf eins oder zwei festgesetzt. Das führt dazu, dass der durchschnittliche Abstand der Abfahrtszeitpunkte entweder „Länge des Simulationszeitraums"/2 oder „Länge des Simulationszeitraums" wird. Jedoch beträgt der erwünschte durchschnittliche Abstand „Länge des Simulationszeitraums"/1,5.

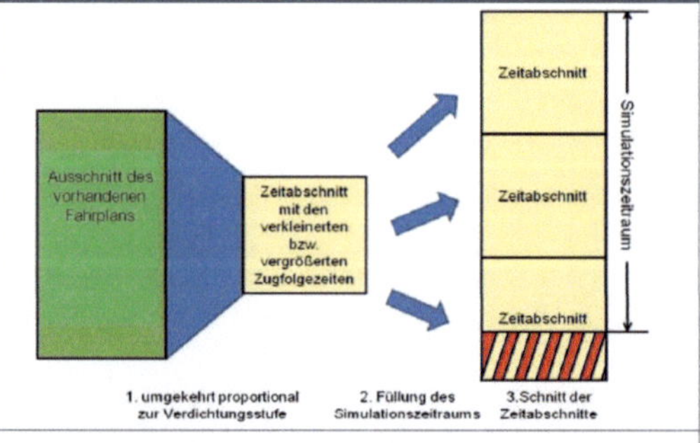

BILD 3: Fahrplanverdichtungsalgorithmus „Fahrplan komprimieren"

3.2. DYNAMISIERUNG VON ZEITSCHEIBEN MIT EXAKTER ZUGZAHL

Im Abschnitt 3.1 wird das Problem des durchschnittlichen Abstands der Abfahrtszeitpunkte zweier nacheinander fahrender Züge mit Rundung der Zugzahl angesprochen. Um dieses Problem zu lösen, ist die Rundung der Zugzahl zu umgehen. Gleichzeitig darf jedoch der Erwartungswert der Zugzahl nicht geändert werden. Die Rundung der Zugzahl dient dazu, dass bei Gewährleistung des Erwartungswerts der Zugzahl die Anzahl der Zeitscheiben ganzzahlig bestimmt werden kann. Ist die Rundung der Zugzahl zu vermeiden, wird es notwendig, die Anzahl der Zeitscheiben (auf-) zu runden. Ein entsprechender Algorithmus wurde aufbauend auf dem Algorithmus aus Abschnitt 3.1 entwickelt:

1. Für jede Zuglaufgruppe wird die erwünschte Gesamtzugzahl mit der originalen Belastung, der Verdichtungsstufe und dem Simulationszeitraum als gebrochene Zahl festgelegt.
2. Die Länge der Zeitscheibe, in der nur ein Abfahrtszeitpunkt der Zuglaufgruppe auftreten kann, wird durch die Division des Simulationszeitraums durch die exakte Gesamtzugzahl der Züge in einer Zuglaufgruppe ermittelt. Hierbei wird die Länge der Zeitscheibe sekundengenau bestimmt.
3. Die Anzahl der Zeitscheiben ergibt sich aus der Aufrundung der Gesamtzugzahl. »

BILD 4: Beispiel des Fahrplanverdichtungsalgorithmus „Dynamisierung von Zeitscheibe mit ganzzahliger Zugzahl"

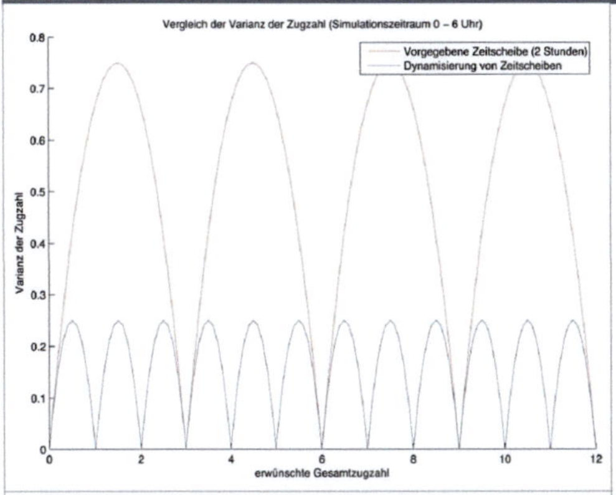

Bild 5: Vergleich der Varianz der Zugzahl von verschiedenen Fahrplanverdichtungs-algorithmen

4. In jeder Zeitscheibe wird eine Zufallszahl als der Abfahrtszeitpunkt des einzigen Zugs der betreffenden Zuglaufgruppe generiert.
5. Die Abfahrtszeitpunkte werden überprüft. Liegt ein Abfahrtszeitpunkt außerhalb des Simulationszeitraums, wird der entsprechende Zug entfernt.

In Bild 6 wird ein Beispiel zur Veranschaulichung des Algorithmus dargestellt.
Die mit diesem Algorithmus generierten Fahrpläne erfüllen analog wie „Dynamisierung von Zeitscheiben mit ganzzahliger Zugzahl" (vgl. Abschnitt 3.1) die ersten zwei Bedingungen (Zufälligkeit und Beibehaltung des Betriebsprogramms) aus Abschnitt 1.3. Wegen des zweiten Schritts des Algorithmus wird darüber hinaus auch das Problem des durchschnittlichen Abstands der Abfahrtszeitpunkte gelöst, d. h. die dritte Bedingung wird erfüllt, (Tabelle 1).

4. FAZIT

Bei Leistungsuntersuchungen mit simulativen Methoden unter Nutzung von Monte Carlo Algorithmen wird oft ein Betriebsprogramm (Zugeigenschaften und Zugmix) als Randbedingung vorgegeben. Dieses Betriebsprogramm wird dann im Verlauf der Leistungsuntersuchung verdichtet und die dabei auftretenden Behinderungen der Zugfahrten untereinander werden erfasst. Da das Betriebsprogramm direkte Auswirkung auf das Untersuchungsergebnis hat, darf dessen Struktur bei der Verdichtung nicht signifikant geändert werden. Jedoch kann diese Randbedingung mit den vorhandenen Algorithmen bisher nur teilweise erfüllt werden. Deshalb wurden Algorithmen zur „Dynamisierung von Zeitscheiben" entwickelt, um die Struktur des Betriebsprogramms bei der Fahrplanverdichtung möglichst beizubehalten. Aufgrund der Art und Reihenfolge der Rundungsoperationen erfüllt nur die „Dynamisierung von Zeitscheiben mit exakter Zugzahl" sämtliche Bedingungen, die eine Beibehaltung der Struktur des Betriebsprogramms bei einer Verdichtung erfüllen muss. Somit wird empfohlen, bei weiteren Leistungsuntersuchungen (simulative Methoden mit Monte Carlo Algorithmen) zur Bestimmung der Wartezeitfunktion bzw. des optimalen Leistungsbereichs den Algorithmus „Dynamisierung von Zeitscheiben mit exakter Zugzahl" als Fahrplanverdichtungsalgorithmus zu verwenden.
Die Dynamisierung von Zeitscheiben mit exakter Zugzahl wird künftig in PULEIV integriert, um die Aussagekraft von Leistungsuntersuchungen insbesondere bei der Langfristplanung weiter zu erhöhen und die Signifikanz der Ergebnisse systematisch zu verbessern. ←

---

[a] Unter Zuglaufgruppe wird hier eine Menge von Zugläufen verstanden, die sich nur durch ihre Abfahrtszeiten unterscheiden. Insbesondere die Eigenschaften der Stationsfolge, Fahr- und Haltezeiten sowie Fahrzeugeigenschaften sind bei allen Zugläufen einer Zuglaufgruppe identisch.

[2] Die Zugzahl des Eingangsfahrplans wird als Verdichtungsstufe 100% betrachtet.

[a] Der Modellzug einer Zuglaufgruppe bezieht sich auf den Zug der Zuglaufgruppe, der innerhalb des Fahrplanausschnittes zum frühesten Zeitpunkt abfährt.

BILD 6: Beispiel des Fahrplanverdichtungsalgorithmus „Dynamisierung von Zeitscheiben mit exakter Zugzahl"

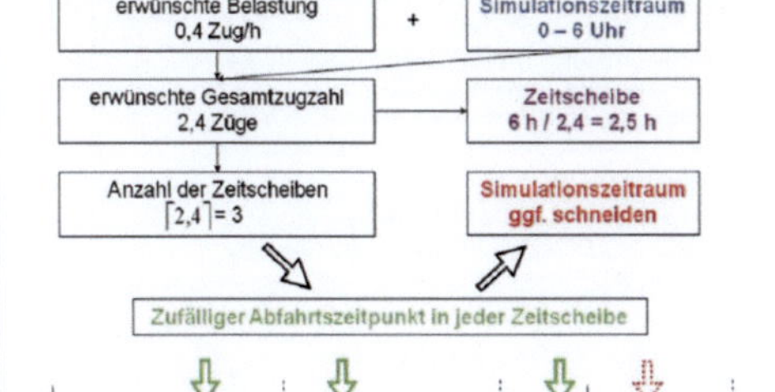

Literatur

[1] Hertel, G.: Die maximale Verkehrsleistung und die minimale Fahrplanempfindlichkeit auf Eisenbahnstrecken. In: ETR – Eisenbahntechnische Rundschau, Nr. 10, Jg. 41, 1992, S. 665–671.

[2] Janecek, D.; Weymann F; Schaer, T: LUKS – Integriertes Werkzeug zur Leistungsuntersuchung von Eisenbahnknoten und -strecken. In: ETR – Eisenbahntechnische Rundschau, Nr. 01+02, 2010, S. 25–32.

[3] Martin, U.; Li, X.; Schmidt, C.: PULEIV Projektbericht. Allgemeingültiges Verfahren zur praxisorientierten Bestimmung des Leistungsverhaltens von Eisenbahninfrastrukturen. Im Auftrag der DB Netz AG, 2008.

[4] Martin, U.; Chu, Z.: Direkte experimentelle Bestimmung der maximalen Leistungsfähigkeit bei Leistungsuntersuchungen im spurgeführten Verkehr, Deutsche Forschungsgemeinschaft, GZ: MA 2326/6-1, AOBJ: 578414, 2010 – in Bearbeitung

[5] Pachl, J.: Systemtechnik des Schienenverkehrs. 6. Auflage, Teubner: 2011

[6] RMCon: Handbuch RailSys 4.0. Fahrplan- und Infrastrukturmanagement v1.0. Hannover, 2005.

[7] Schmidt, C.: Beitrag zur experimentellen Bestimmung der Wartezeitfunktion bei Leistungsuntersuchungen im spurgeführten Verkehr. Dissertation. Universität Stuttgart, 2009

[8] Wendler, E.: Verknüpfung simulativer und analytischer Modelle bei der Leistungsberechnung von Bahnanlagen. In: Schwanhäußer, Wulf (Hg.): Werkzeuge für Planung und Führung des Bahnbetriebes. 3. Eisenbahnbetriebswissenschaftliches Kolloquium 30. und 31. März 2000 (Veröffentlichungen des Verkehrswissenschaftlichen Instituts der RWTH Aachen, Heft 57, S. 29–42, 2000).

	Zufälligkeit	Beibehaltung des Betriebsprogramms	Takt in gewisser Ordnung
Zufällige Züge einlegen (PULEIV- bisher)	+	o	o
Fahrplan komprimieren (PULEIV- bisher)	-	+	+
Dynamisierung von Zeitscheiben mit ganzzahliger Zugzahl (neuer Ansatz)	+	+	o
Dynamisierung von Zeitscheiben mit genauer Zugzahl (neuer Ansatz)	+	+	+

TABELLE 1: Vergleich der Vor- und Nachteile verschiedener Fahrplanverdichtungsalgorithmen

SUMMARY

Appraising performance applying more dynamic time slices to programmes of operations

The authors describe research into the appraisal of performances involving determination of the waiting-time function – an area in which it is often necessary to make a given programme of operations more compact. When they tried applying conventional algorithms, they found that satisfying the condition of maintaining the structure of the programme of operations was only possible to a limited extent. When they switched to the newly developed algorithm allowing "more dynamic time slices with a precise number of trains", they found that even if the programme of operations was compacted, its structure remained unaltered. Moreover, the power of the performance appraisals was enhanced and the significance of the results was systematically improved.

Bewertungsverfahren für Knotenelemente bei der Infrastrukturbemessung – RePlan

Im Rahmen des Forschungsprojekts RePlan (als Teilprojekt von Freefloat) wurde ein neuer mehrskaliger Ansatz zur Bewertung der Knotenkapazität auch bei komplexen Gleisstrukturen und ein daraus abgeleitetes allgemeingültiges Bewertungsverfahren für die Infrastrukturbemessung im Schienenverkehr entwickelt, das eine mikroskopische Engpassanalyse einschließt.

Der konsistenten anwenderorientierten Verbindung von makro- bzw. mesoskopischen und zielgerichteten mikroskopischen Betrachtungen innerhalb einer Untersuchung waren insbesondere aufgrund der hohen Komplexität innerhalb der Knoten deutliche Grenzen gesetzt. Mit dem Projekt RePlan werden diese Grenzen überwunden. Ein neuer mehrskaliger Ansatz zur Bewertung der Knotenkapazität auch bei komplexen Gleisstrukturen und ein daraus abgeleitetes allgemeingültiges Bewertungsverfahren für die Infrastrukturbemessung im Schienenverkehr wurden entwickelt, das eine mikroskopische Engpassanalyse einschließt.

1. HINTERGRUND UND ZIELE

Auch wegen der kaum noch vorhandenen Möglichkeiten zum Neu- und Ausbau von Strecken und Bahnhöfen liegt der Schwerpunkt bei der Weiterentwicklung des Systems „Bahn" zunehmend auf einer Effizienzverbesserung und insbesondere der Erhöhung der Leistungsfähigkeit der vorhandenen Eisenbahninfrastruktur. Hierfür ist es erforderlich, die vorhandenen und geplanten Infrastrukturen in Abhängigkeit von den jeweiligen Betriebsprogrammen mit Hilfe von innovativen Leistungsuntersuchungen einheitlich und umfassend zu bewerten. Es gibt bereits eine Reihe von Ansätzen (z. B. [3]), die Knoten aus unterschiedlichen Aspekten bewerten.

In Abhängigkeit von der konkreten Aufgabenstellung und dem dafür eingesetzten Softwarewerkzeug werden Leistungsuntersuchungen mit verschiedenen eisenbahnbetriebswissenschaftlichen Methoden und unterschiedlichem Detaillierungsgrad durchgeführt.

Die Untersuchung von Knoten ist mit analytischen Verfahren oder mithilfe von Simulationen möglich. Die Simulationsmethode ermöglicht es, alle Teile des Knotens (Fahrstraßenknoten, Gleisgruppen und angrenzende Strecken) in eine Untersuchung einzubeziehen und dabei den Betriebsablauf detailliert nachzubilden; insbesondere dispositive Maßnahmen können abgebildet und ihre Auswirkungen untersucht werden.

Bisher war für Simulationen problematisch, dass die Zugzahl für das Optimum des wirtschaftlich optimalen Leistungsbereichs nur mit sehr hohem Aufwand durch manuelles Hochfahren der Leistungsforderung bestimmt werden konnte. Auch gab es bislang keine Tool-Unterstützung, um das Mischungsverhältnis bei Veränderung des Betriebsprogramms annähernd beibehalten zu können, falls eine solche Aussage analog zu den Berechnungen mit analytischen Methoden gewünscht war. Hintergrund ist die Fragestellung, ob sich die Betriebsqualität überproportional ändert, wenn eine bestimmte Belastungsstufe erreicht wird. Andererseits waren Reservekapazitäten für gewünschte, zu verstärkende Verkehrsarten oder Fahrrelationen in Knoten nicht einfach aufzudecken. Ein entsprechender Untersuchungsbedarf ergibt sich aus konkret wachsenden Anforderungen einzelner Verkehrsströme im Netz. Für eine weitere Fragestellung, nämlich die Ermittlung von Engpässen mithilfe der Simulationsmethode, gab es Ansätze, die bisher jedoch nur Stellen mit auftretenden Symptomen aufspürten.

Der konsistenten anwenderorientierten Verbindung von makro- bzw. mesoskopischen und oftmals erwünschten zielgerichteten mikroskopischen Betrachtungen innerhalb einer Untersuchung waren jedoch insbesondere aufgrund der hohen Komplexität inner-

Prof. Dr.-Ing. Ullrich Martin
Direktor des Instituts für Eisenbahn- und Verkehrswesen der Universität Stuttgart (IEV)

ullrich.martin@ievvwi.uni-stuttgart.de

Dipl.-Inf. Xiaojun Li
Akademische Mitarbeiterin am Institut für Eisenbahn- und Verkehrswesen der Universität Stuttgart (IEV)

xiaojun.li@ievvwi.uni-stuttgart.de

Dipl.-Ing. Carsten-Rainer Warninghoff
Experte Infrastrukturangelegenheiten DB Netz AG, Frankfurt

Carsten-Rainer.Warninghoff@deutschebahn.com

halb der Knoten deutliche Grenzen gesetzt. Mit dem Projekt RePlan (Teilprojekt des Förderprogramms FreeFloat[1]) [15] werden diese Grenzen überwunden. Dadurch wird ein anwendergerechter, durchgängiger Arbeitsablauf bei Leistungsuntersuchungen mithilfe der Simulationsmethode ermöglicht, der sowohl mit synchronen als auch mit asynchronen Simulationswerkzeugen eine integrative Vorgehensweise von der makro- bis zur mikroskopischen Betrachtung zulässt.

2. ALLGEMEINGÜLTIGES VERFAHREN FÜR LEISTUNGSUNTERSUCHUNGEN

Je nach Aufgabenstellung werden bei Leistungsuntersuchungen die Betriebsqualität und das Leistungsverhalten einer Infrastruktur unter Berücksichtigung eines bestimmten Betriebsprogramms betrachtet und erforderlichenfalls darüber hinaus durch eine

Engpassanalyse ergänzt (Bild 1). In Abhängigkeit von der verfolgten Zielstellung kommen deshalb makro- bzw. mesoskopische oder mikroskopische Ansätze zur Anwendung.

3. BETRIEBSQUALITÄT

Zur Bewertung der Betriebsqualität werden konkrete Fahrpläne mit empirischen oder theoretischen Verspätungsverteilungen überlagert und dadurch die stochastischen Störeinflüsse des realen Betriebes abgebildet. Aus dem Verhältnis der in den Untersuchungsraum eingebrachten und der beim Verlassen des Untersuchungsraumes vorhandenen Verspätung wird der Verspätungskoeffizient als globaler Indikator gebildet, aus dem summarisch hervorgeht, ob innerhalb des Untersuchungsraums Verspätungen ab- oder aufgebaut werden [7]. Darüber hinaus können Zugfamilien gesondert entlang ihres Fahrtverlaufs betrachtet werden, indem der Verspätungsverlauf für diese Zugfamilien erfasst wird. Ein weiterer globaler Teilindikator der Betriebsqualität kann infrastrukturbezogen ermittelt werden, wenn die Verspätungsentwicklung einzelner Fahrzeitmesspunkte innerhalb des Untersuchungsraums berechnet wird. Der Verspätungskoeffizient entsteht als Ergebnis von Mehrfachsimulationen ein und desselben Fahrplans mit variierenden Störeinflüssen.

In praktischen Anwendungen lässt sich für einen Untersuchungsraum bei einem vorgegebenen konkreten Fahrplan bewerten, welche Betriebsqualität das gesamte System oder eine bestimmte Zugfamilie unter Berücksichtigung realer oder theoretisch unterstellter Störeinflüsse erreichen kann.

4. LEISTUNGSVERHALTEN

4.1. LEISTUNGSVERHALTEN DES GESAMTEN UNTERSUCHUNGSRAUMS

Das Leistungsverhalten beschreibt nach [2] den Zusammenhang zwischen Belastung und Qualität des untersuchten Systems. Bei der makro- bzw. mesoskopischen Sichtweise lässt sich der optimale Leistungsbereich als globaler Indikator aus der Wartezeitfunktion bestimmen ([11, 4, 8]). Durch mehrere Einfachsimulationen eines Betriebsprogramms mit variierenden Belastungen werden die entstehenden Behinderungen zwischen den einzelnen Fahrten erfasst und die damit einhergehenden Wartezeiten summarisch bestimmt.

Praktisch lassen sich so unterschiedliche Infrastrukturvarianten für einen Untersuchungsraum auch dann anhand der oberen und unteren Grenze des optimalen Leistungsbereichs sowie dem Verlauf der Wartezeitfunktion zweckmäßig miteinander

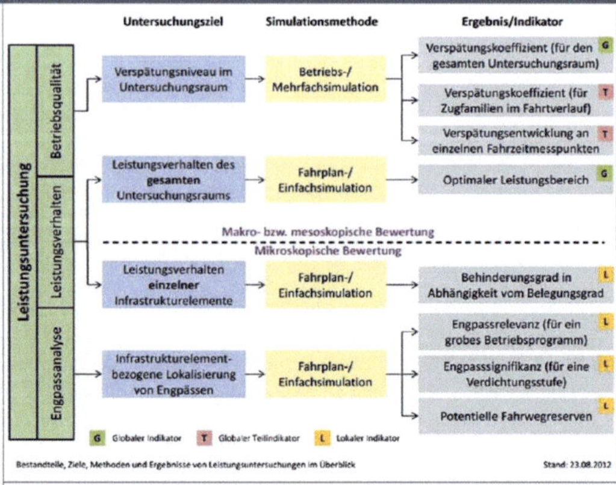

BILD 1: Strukturierung einer Leistungsuntersuchung mit Simulationswerkzeugen
(Quelle aller Bilder: [15])

vergleichen, wenn nur ein grobes Betriebsprogramm bekannt ist.

4.2 INFRASTRUKTURMODELLIERUNG-MIKROSKOPISCHE BEWERTUNG

Zur mikroskopischen Bewertung von Knoten ist es erforderlich, eine Infrastruktur in passende Untersuchungseinheiten zu unterteilen, um deren Leistungsverhalten gezielt mit dem notwendigen Detaillierungsgrad abzubilden.

Bei bisherigen Leistungsuntersuchungen mit analytischen Methoden wird eine Infrastruktur beruhend auf der Bedienungstheorie in Teilfahrstraßenknoten und Gleisgruppen [9, 12] unterteilt. Bei Simulationsverfahren spielt die detaillierte Wirkung der Signaltechnik bei der Ermittlung der Infrastrukturauslastung eine wichtige Rolle, die allerdings von Teilfahrstraßenknoten und Gleisgruppen nicht vollständig abgedeckt werden kann (vgl. [15]). Infolgedessen wurde im Rahmen des Projekts RePlan ein über den aktuellen Stand hinausgehendes, zielorientiertes Beschreibungsmodell zur lückenlosen Unterteilung der Infrastruktur unter Einbeziehung der Fahrtrichtungen entwickelt, das für die Bewertung des Leistungsverhaltens einzelner Belegungselemente und damit auch für die Engpassanalyse in Knoten besonders geeignet ist.

Grundkonzept

Das neu entwickelte Beschreibungsmodell basiert im Wesentlichen auf den Untersuchungseinheiten

→ Fahrwegkomponente (fahrtrichtungsabhängig) als gerichtetes Belegungselement
→ Basisstruktur (fahrtrichtungsunabhängig) als ungerichtetes Belegungselement

Die Modellierung erfolgt auf zwei Ebenen:

→ Die Modellierung der richtungsbezogenen Fahrwege als gerichtete Belegungselemente, die aus gerichteten Fahrwegabschnitten (Fahrwegkomponenten – die farbigen Pfeile in Bild 2) bestehen.
→ Die fahrwegunabhängige Unterteilung der Infrastruktur in ungerichtete Belegungselemente (Basisstrukturen – die farbigen Kästchen in Bild 2)

Durch die Überlagerung der zwei Ebenen (siehe Bild 2) werden bei Leistungsuntersuchungen Belegungen auf den Untersuchungseinheiten und die darauf auftretenden Behinderungen aller Fahrtmöglichkeiten vollständig, hinreichend detailliert und fahrtrichtungsselektiv berücksichtigt.

Definitionen

Fahrwegkomponente

Eine Fahrwegkomponente ist ein zusammenhängender Teil der befahrbaren Infrastruktur (z.B. Fahrstraßen, ggf. auch Fahrtabschnitte bis zum nächsten Zielsignal), der als gerichtetes Belegungselement gesondert aufgelöst werden kann (jeder Pfeil in Bild 2 stellt eine Fahrwegkomponente dar).

Basisstruktur

Eine Basisstruktur ist ein zusammenhän- »

ETR | NOVEMBER 2012 | NR. 11   39

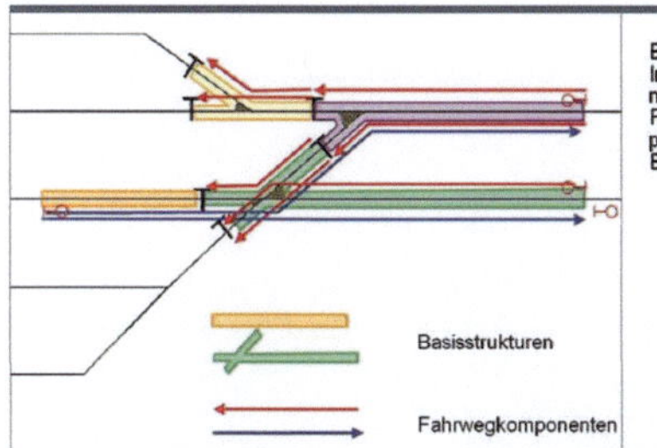

BILD 2: Infrastrukturmodellierung mit Fahrwegkomponenten und Basisstrukturen

gender Teil der befahrbaren Infrastruktur (die Käschen in Bild 2), der als ungerichtetes Belegungselement in allen Richtungen durch

→ das nächstliegende Signal,
→ die nächstliegende Signalzugschlussstelle,
→ die nächstliegende Fahrstraßenzugschlussstelle (das sind auch die Zugschlussstellen der Teilfahrstraßenauflösung)

begrenzt wird.

4.3 LEISTUNGSVERHALTEN EINZELNER BELEGUNGSELEMENTE

Für die mikroskopische Bewertung wird das Leistungsverhalten als lokaler Indikator für jedes einzelne Belegungselement (Basisstruktur) aufgezeigt.

Qualitätsstufen bei mikroskopischen Leistungsuntersuchungen

Die bisher diskutierten Qualitätsstufen in den Regelwerken (z. B. [2]) fokussieren die Beschreibung der Betriebsqualität eher auf eine globale Betrachtung des gesamten Untersuchungsraums. Im Vergleich zur makro- bzw. mesoskopischen Bewertung eignet sich die Bezeichnung für die Qualitätsstufe „Mangelhaft" nicht für die mikroskopische Bewertung. Basisstrukturen, die eine relativ oder absolut schlechte lokale Betriebsqualität aufweisen, müssen nicht zwangsläufig einen großen Einfluss auf die gesamte Betriebsqualität haben. Es wäre deshalb widersprüchlich und irreführend, solche Basisstrukturen bei einer insgesamt wirtschaftlich optimalen Betriebsqualität (sämtlicher Züge) als „Mangelhaft" zu bezeichnen. Deshalb wurde für die mikroskopische Betrachtung die Bezeichnung „Betriebsbehindernd" gewählt (Bild 3).

Bewertung des Leistungsverhaltens

Bisher wird die Kenngröße Belegungsgrad mitunter als ein Qualitätsmaßstab verwendet, dessen Wert der entsprechenden Qualitätsstufe zugeordnet wird [2]. Wenn allerdings im realen Betrieb zwei Basisstrukturen den gleichen Belegungsgrad besitzen, jedoch auf einer der Basisstrukturen mehr Behinderungen auftreten, weisen beide dennoch nicht die gleiche Betriebsqualität auf. Deshalb lag ein Ziel bei der Konzeption des Bewertungsverfahrens darin, die Kapazität von Knoten unter Berücksichtigung der Zusammenwirkung der beiden infrastrukturbezogenen Kenngrößen Belegungsgrad und Behinderungsgrad abzubilden.

→ Der Belegungsgrad beschreibt den zeitlichen Anteil der Belegung einer Basisstruktur innerhalb eines Untersuchungszeitraums.
→ Der Behinderungsgrad bezeichnet den zeitlichen Anteil der auf einer Basisstruktur auftretenden behinderungsbedingten Wartezeit innerhalb eines Untersuchungszeitraums.

Auf dieser Grundlage können die direkte Auslastung einer Basisstruktur und die daraus resultierende Behinderung beschrieben werden. Für den mikroskopischen Bewertungsansatz wurde eine Vier-Felder-Tafel (Bild 4) gewählt, aus der der Zusammenhang von Belegungsgrad und Behinderungsgrad erkennbar ist. Jedem Feld wurde eine definierte Qualitätsstufe zugeordnet. Es wird angenommen, dass man bestrebt ist, jede Infrastruktur grundsätzlich im optimalen Leistungsbereich zu betreiben. Dementsprechend wird für jede Basisstruktur eine derartige Vier-Felder-Tafel erzeugt, wobei die einzelnen Punkte den Zusammenhang von Belegungs- und Behinderungsgrad auf einer Basisstruktur für unterschiedliche Belastungen innerhalb des optimalen Leistungsbereichs repräsentieren. Die Abgrenzungen der Bewertungsfelder basieren auf dem k-medians-Clustering-Algorithmus aus der Datenanalyse mit Berücksichtigung der Sensitivität in den Übergangsbereichen zwischen den Feldern [15].

Durch die Bewertung des Leistungsverhaltens einzelner Basisstrukturen kann in der praktischen Anwendung gezielt ermittelt werden, welche Qualitätsstufe die Basisstrukturen in Knoten aufweisen. Der Anteil und die Orte der Basisstrukturen einer bestimmten Qualitätsstufe (z.B. die überlasteten Basisstrukturen) können die Kapazitätsverteilung und Problembereiche in Knoten bei der untersuchten Verdichtungsstufe eines Betriebsprogramms (Belastung) widerspiegeln.

5. ENGPASSANALYSE

Einen weiteren Schwerpunkt bei der Be-

BILD 3: Qualitätsstufen bei Leistungsuntersuchungen

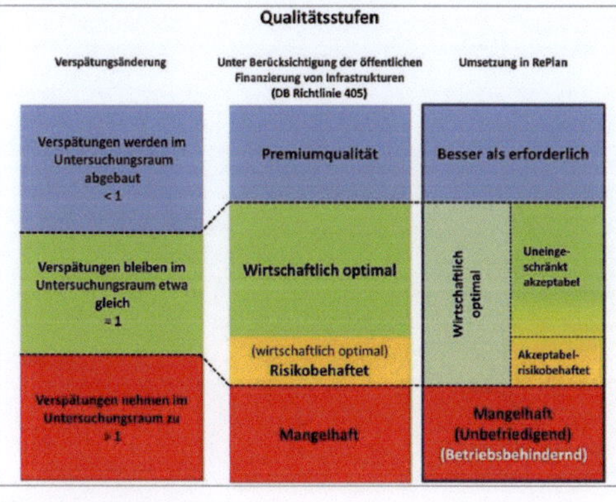

wertung von Eisenbahnknoten bildet die Engpassanalyse als Bestandteil einer umfassenden Leistungsuntersuchung (siehe Bild 1), wobei die Wechselwirkung zwischen einzelnen Infrastrukturbereichen hinreichend genau dargestellt werden kann. Im Mittelpunkt steht dabei die Erkennung von potentiellen Engpässen und deren Wirksamwerden sowie vorhandener potentieller Reserven auf der Grundlage einer mikroskopischen Bewertung anhand der lokalen Indikatoren Engpassrelevanz, Engpasssignifikanz und potentielle Fahrwegreserven. Grundsätzlich sind in jedem beliebigen Untersuchungsraum Engpässe vorhanden, deren Wirksamwerden nicht nur von der Infrastrukturgestaltung sondern auch von den Verkehrsströmen, also dem Betriebsprogramm, abhängig ist. Das Ziel der Engpasserkennung besteht somit nicht nur darin, die unmittelbar wirksamen Engpässe bei einer bestimmten Belastung, sondern auch potenzielle Engpässe zu erkennen.

→ Engpassrelevanz – Potenzielle Engpässe bei grobem Betriebsprogramm
Aus einem Basisfahrplan werden zufallsbeeinflusste Fahrpläne für unterschiedliche Belastungen (Verdichtungsstufen ei-

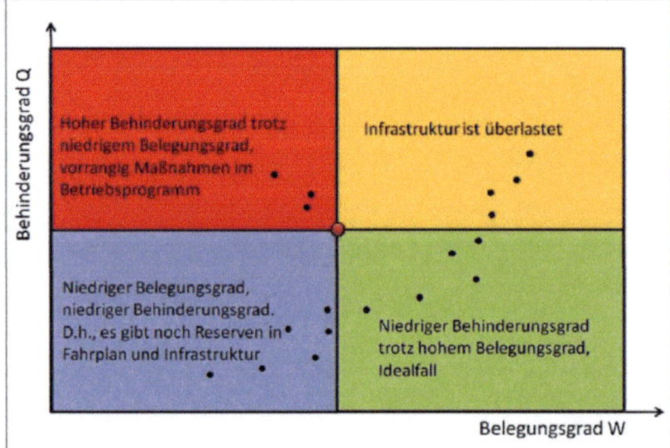

BILD 4: Bewertungsfelder zur Bewertung des Leistungsverhaltens einzelner Basisstrukturen

nes groben Betriebsprogramms) erstellt und simuliert. Entlang der Fahrwege wird das Anwachsen der Behinderungen (behinderungsbedingten Wartezeit) auf einer Fahrwegkomponente in Abhängigkeit vom Anstieg des Belegungsgrads »

ETR | NOVEMBER 2012 | NR. 11   41

Methoden zur Engpassanalyse bei der Infrastrukturbemessung im Schienenverkehr

Ein Ziel von Leistungsuntersuchungen besteht in der Ableitung von geeigneten **Maßnahmen** zur Verbesserung der **Leistungsfähigkeit** und **Betriebsqualität** des Untersuchungsraums. Die Engpassanalyse spielt hierbei eine zentrale Rolle. In diesem Beitrag werden Methoden zur Engpassanalyse und ihre Anwendungen vor- und gegenübergestellt.

→ Globale Indikatoren, wie der optimale Leistungsbereich und Verspätungskoeffizienten, werden in eisenbahnwissenschaftlichen Leistungsuntersuchungen zur Bewertung einer gegebenen Infrastruktur hinsichtlich ihres Leistungsverhaltens und ihrer Betriebsqualität für den gesamten Untersuchungsraum verwendet. Die Ableitung geeigneter Maßnahmen zur Verbesserung der Leistungsfähigkeit und der Betriebsqualität erfordert jedoch auch die Untersuchung lokaler Indikatoren für das Leistungsverhalten einzelner Infrastrukturelemente und eine Engpassanalyse, die in diesem Beitrag näher untersucht werden soll (Bild 1).

1. ENGPÄSSE IM SCHIENENVERKEHR

Im Sinne allgemeingültiger Leistungsuntersuchungen ist ein Infrastrukturabschnitt (je nach Detaillierungsgrad der Betrachtung eine einzelne Weiche, ein Gleisabschnitt, eine Weichengruppe, eine Gleisgruppe, ein Knoten oder eine Strecke) dann ein Engpass, wenn andere Fahrten wegen der Belegung auf diesem Infrastrukturabschnitt so stark beeinträchtigt werden, dass der Betrieb auf benachbarten Abschnitten behindert und damit die Betriebsqualität negativ beeinflusst wird, d. h. dieser Infrastrukturabschnitt wirkt betriebsbehindernd. Bei der Modellierung

Dr. rer. nat. Fabian Hantsch
Akademischer Mitarbeiter am Institut für Eisenbahn- und Verkehrswesen der Universität Stuttgart (IEV)

fabian.hantsch@ievvwi.uni-stuttgart.de

Dipl.-Inf. Xiaojun Li
Akademische Mitarbeiterin am Institut für Eisenbahn- und Verkehrswesen der Universität Stuttgart (IEV)

xiaojun.li@ievvwi.uni-stuttgart.de

Prof. Dr.-Ing. Ullrich Martin
Direktor des Instituts für Eisenbahn- und Verkehrswesen der Universität Stuttgart (IEV) und des Verkehrswissenschaftlichen Instituts Stuttgart GmbH (VWI)

ullrich.martin@ievvwi.uni-stuttgart.de

BILD 1: Engpassanalyse bei einer Leistungsuntersuchung mit Simulationswerkzeugen
(Quelle aller Bilder: Autoren)

des Bahnbetriebs kann ein Infrastrukturabschnitt als Engpass identifiziert werden, wenn die behinderungsbedingten Wartezeiten im Durchschnitt für alle Fahrten, die die Belegung dieses Infrastrukturabschnittes anfordern, soweit ansteigen, dass eine festgelegte Grenze der Betriebsqualität überschritten wird. Der Engpass selbst muss dabei nicht in jedem Fall übermäßig belegt sein, und eine Behinderung auf dem zugehörigen Infrastrukturabschnitt selbst muss nicht auftreten. Die Wirkungen des Engpasses werden jedoch in benachbarten Infrastrukturabschnitten erkennbar.

Im vorliegenden Artikel werden verschiedene Methoden zur Engpasserkennung vorgestellt und eine Bewertung der Engpässe hinsichtlich ihrer Relevanz und ihres tatsächlichen betrieblichen Einflusses vorgenommen. Weiter wird auf den Zusammenhang zwischen der Betriebsqualität im Untersuchungsraum und der Engpassanalyse eingegangen und eine Übersicht über mögliche Anwendungsgebiete der Engpassanalyse gegeben.

2. METHODEN ZUR ENGPASS-IDENTIFIZIERUNG

Wartezeit	Behinderungsbedingt entstehende Fahr- und Haltezeitverlängerung durch andere Züge [2]
Belegungsgrad	Quotient aus der Summe der Sperrzeiten (Belegungszeit) und dem Untersuchungszeitraum
Behinderungsgrad	Quotient aus der Summe der behinderungsbedingten Wartezeit und dem Untersuchungszeitraum
Nicht erfüllbare Belegungswünsche	Summe der auf einem Infrastrukturabschnitt auftretenden behinderungsbedingten Wartezeiten aller Züge, vergleichbar mit den infrastrukturbezogenen Behinderungen in DB Richtlinie 405 [2]
Engpassempfindlichkeit	Änderung des Behinderungsgrades auf einem Infrastrukturabschnitt in Abhängigkeit von dessen Belegungsgrad

TABELLE 1: Kenngrößen zur Erkennung und Bewertung von Engpässen

Je nach zugrunde liegender Aufgabenstellung bieten sich unterschiedliche Methoden zur Engpasserkennung an, von denen hier drei näher betrachtet werden.

Durch die Engpassempfindlichkeit, d. h. die Änderung des Behinderungsgrades (vgl. Tabelle 1) auf einem Infrastrukturabschnitt in Abhängigkeit von dessen Belegungsgrad (vgl. Tabelle 1), lassen sich Engpässe auf der Grundlage grober Betriebsprogramme (zufallsbeeinflusste Fahrplanstruktur) bestimmen. Bei einem groben Betriebsprogramm ergibt sich die Engpassempfindlichkeit aus dem Vergleich mehrerer Verdichtungsstufen (mehrere Einfachsimulationen) dieses Betriebsprogramms. Die Fahrpläne der einzelnen Verdichtungsstufen werden zufällig unter Beibehaltung der Grundstruktur des Betriebsprogramms erzeugt (vgl. [1]), d. h. es kann durchaus sinnvoll sein, mehrere Fahrpläne einer Verdichtungsstufe zu generieren. Bei der Bestimmung der Engpassempfindlichkeit wird die Frage beantwortet: „Wie schnell verändert sich der Behinderungsgrad mit steigendem Belegungsgrad bei verdichtetem Betriebsprogramm?"

Neben der Bewertung der Engpassempfindlichkeit ist auch die Frage „Wie viele Fahrten werden wegen nicht erfüllbarer Belegungswünsche für einen Infrastrukturabschnitt behindert?" von hoher praktischer Bedeutung. D.h. bei einer ungünstigen Konstellation der Zugfahrten innerhalb eines Betriebsprogramms können durchaus auch bei

Stufe	Identifizierter Engpasstyp
hoch	E1-2-3
mittel	E1-2, E1-3
niedrig	E1

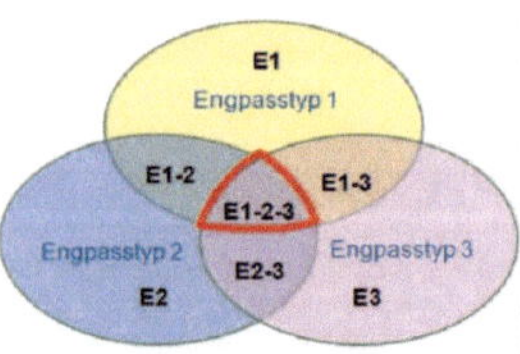

BILD 2: Engpassstufe in Abhängigkeit von der Identifizierung mit unterschiedlichen Methoden

insgesamt niedriger Belegungszeit verhältnismäßig viele Züge auf einem Infrastrukturabschnitt behindert werden.

Eine dritte Möglichkeit bei der Identifizierung von Engpässen wird erkennbar, wenn der Belegungsgrad auf einem Infrastrukturabschnitt berücksichtigt wird. Hier steht die Frage „Welche Behinderung ergibt sich aufgrund der gesamten Belegungszeit eines Infrastrukturabschnittes?" im Mittelpunkt, d. h. es wird geprüft, zu welchem Anteil der betreffende Infrastrukturabschnitt nicht belegt ist. Entsprechend der Ausrichtung der zu beantwortenden Fragen ergeben sich also folgende verschiedene Methoden zur Engpassidentifizierung:

→ Engpasstyp E1 (Engpassempfindlichkeit): Engpässe, die bei einem groben Betriebsprogramm (zufallsbeeinflusste Fahrplanstruktur) und dessen Verdichtung in Erscheinung treten;

→ Engpasstyp E2 (nicht erfüllbare Belegungswünsche): Engpässe aufgrund nicht erfüllbarer Belegungswünsche, die bei einem groben Betriebsprogramm, einer Verdichtungsstufe oder einem konkreten Fahrplan in Erscheinung treten;

→ Engpasstyp E3 (Belegungsgrad): Engpässe, die bei einem groben Betriebsprogramm, einer Verdichtungsstufe oder einem konkreten Fahrplan in Erscheinung treten.

Für die Erkennung der einzelnen Engpasstypen sind jeweils geeignete Schwellwerte zu definieren, die beispielsweise aus den Kenngrößen von Fahrplänen im optimalen Leistungsbereich gewonnen werden können (vgl. u.a. [4]). Nach der Ermittlung des Typs der einzelnen Engpässe lässt sich deren Bedeutung durch eine Priorisierung bestimmen (Engpasspriorität). Dabei ergibt sich die Priorität eines Engpasses in Abhängigkeit von den Methoden, mit denen der Engpass identifiziert wird. Engpässe, die in allen drei Methoden der Identifizierung erkannt werden, besitzen eine hohe Priorität. Werden Engpässe nicht durch alle drei Methoden sichtbar, verringert sich deren Priorität (vgl. Bild 2).

3. ENGPASSRELEVANZ UND ENGPASSSIGNIFIKANZ

Die Engpassrelevanz beschreibt die Wahrscheinlichkeit, dass ein Infrastrukturabschnitt als Engpass unter bestimmten Bedingungen (Struktur des Betriebsprogramms) in Erscheinung tritt und verdeutlicht somit das Engpasspotential innerhalb eines Untersuchungsraums bei Anwendung eines Betriebsprogramms. Infrastrukturabschnitte mit hoher Engpassrelevanz kennzeichnen somit unter zunehmender Belastung die am sensibelsten reagierenden Bereiche und sind demzufolge grundsätzlich bei allen Infrastrukturen, unabhängig von deren konkreter Ausgestaltung, vorhanden. Das heißt, jeder Untersuchungsraum enthält maßgebende Engpässe. Die wesentlichen Fragen sind deshalb, wann und in welcher Form diese Engpässe erheblichen betrieblichen Einfluss entwickeln. In Abhängigkeit von der festgelegten Grenze der Betriebsqualität, der Struktur des konkreten Betriebsprogramms und der betrachteten Belastung (Züge pro Zeiteinheit) wird ein vorhandener Engpass in der Realität tatsächlich betrieblich einflussreich oder tritt nicht direkt in Erscheinung. Die Signifikanz des Engpasses beschreibt, ob ein Engpass in Abhängigkeit von der festgelegten Grenze der Betriebsqualität, der Struktur eines bestimmten Betriebsprogramms und der betrachteten Belastung (Verdichtungsstufe) real auch tatsächlich betrieblichen Einfluss entwickelt. Beispielsweise kann in einem Untersuchungsraum eine Vielzahl (potentieller) Engpässe mit der Stufe Engpassrelevanz „Hoch" identifiziert worden sein, die praktisch jedoch wenig bzw. keinen betrieblichen Einfluss haben, da die Belastung des realen Betriebsprogramms deutlich unter dem Schwellwert liegt, der für eine gegenseitige Behinderung der einzelnen Fahrten erreicht werden muss. Ein Beispiel ist in Bild 3 dargestellt.

In dem Beispiel in Bild 3 werden alle als hochsignifikant identifizierten Engpässe auch als Engpässe mit hoher Relevanz erkannt. Das gilt innerhalb des optimalen Leistungsbereichs im uneingeschränkt akzeptablen »

WISSEN | LEISTUNGSUNTERSUCHUNG

BILD 3: Engpassrelevanz und Engpasssignifikanz bei unterschiedlichen Verdichtungsstufen

Bereich (Bild 4). Bei hoher Belastung (an der oberen Grenze des optimalen Leistungsbereichs) kann es aufgrund größerer Rückstauerscheinungen auch über mehrere als relevant erkannte Engpässe hinweg und damit verbundener Wechselwirkungen vorkommen, dass in Einzelfällen auch hoch-signifikante Engpässe identifiziert werden, die zuvor nicht als Engpässe mit hoher Relevanz erkannt wurden (Bild 4). Innerhalb des optimalen Leistungsbereichs können derartige Einzelfälle im akzeptabel risikobehafteten Bereich auftreten.

4. ENGPÄSSE UND BETRIEBSQUALITÄT

Da Engpässe auch auf kleine Infrastrukturabschnitte (z. B. auf eine einzelne Weiche) beschränkt sein können und demzufolge keine Fahrzeitmesspunkte enthalten müssen, lässt das Leistungsverhalten dieser Infrastrukturabschnitte im Allgemeinen keine direkten Rückschlüsse auf die Auswirkungen des Engpasses auf die Betriebsqualität im gesamten Untersuchungsraum zu. So kann beispielsweise ein auf einen kurzen Infrastrukturabschnitt begrenzter Engpass lokal durchaus stark betriebsbehindernd wirken, ohne dass die Betriebsqualität im gesamten Untersuchungsraum beeinträchtigt wird, weil eine Kompensation der negativen Wirkungen des Engpasses aufgrund von Reservezeiten (Fahrzeitzuschlägen, planmäßigen Warte- und Synchronisationszeiten, Pufferzeiten) bereits

vor Erreichen des nächsten Fahrzeitmesspunktes erfolgt. Es ist also möglich, dass in einem Untersuchungsraum mehrere Engpässe mit hoher Relevanz erkannt werden, aber aufgrund der geschickten Gestaltung des Betriebsprogramms trotzdem keine wesentliche Verschlechterung der Betriebsqualität für den gesamten Untersuchungsraum entsteht. Deshalb wird bei der Untersuchung des Leistungsverhaltens einzelner Infrastrukturabschnitte im Rahmen der Engpassanalyse nicht von einer „mangelhaften" sondern folgerichtig von einer „betriebsbehindernden" Qualität gesprochen (vgl. Tabelle 2, [3]

Betriebsqualität in der Engpass-Betrachtung	Betriebsqualität im gesamten Untersuchungsraum	Erläuterung
Besser als erforderlich	Besser als erforderlich	Potentielle Reserven vorhanden
Uneingeschränkt akzeptabel	Uneingeschränkt akzeptabel	Wirtschaftlich optimal (Optimaler Leistungsbereich)
Akzeptabel risikobehaftet	Akzeptabel risikobehaftet	
Betriebsbehindernd	Mangelhaft	Grundsätzlich zu vermeiden

TABELLE 2: Vergleich der Klassifizierung der Qualitätsstufen bei der Engpass-Betrachtung und der Betrachtung der Betriebsqualität im gesamten Untersuchungsraum

und [4] für eine detaillierte Beschreibung des Leistungsverhaltens einzelner Infrastrukturabschnitte in der Engpassanalyse). Die Klassifizierung der Stufen für die Betriebsqualität orientiert sich u. a. an der DB Richtlinie 405 [2] und ist damit auch bei einer mehrskaligen Untersuchung von der Mikro- über die Meso- bis hin zur Makro-Betrachtung konsistent möglich.

5. ENGPASSANALYSE IN DER PRAKTISCHEN ANWENDUNG

Im Rahmen einer Engpassanalyse ergeben sich aus Sicht der praktischen Anwendung u. a. folgende allgemeine Aufgabenstellungen:

a) Diagnose
→ Identifizierung der Engpässe einer Infrastruktur mit einem groben Betriebsprogramm als Eingangsparameter,
→ Identifizierung der Engpässe einer Infrastruktur mit einem konkreten Fahrplan als Eingangsparameter,
→ Bewertung der identifizierten Engpässe nach deren Relevanz und Signifikanz.
b) Therapie (in Abhängigkeit von den Ergebnissen der Diagnose),
→ Anpassung einzelner Fahrten,
→ strukturelle Anpassungen des Betriebsprogramms,
→ Anpassung der Infrastruktur und ggf. des Betriebsprogramms.

Im Rahmen konkreter Untersuchungen können so beispielsweise folgende Fragestellungen beantwortet werden:

→ Wo befinden sich in einem Untersuchungsraum (potentielle) Engpässe und wie ist deren Relevanz?
→ Wie stark kann ein reales Betriebsprogramm verdichtet werden, bevor die (potentiellen) Engpässe tatsächlich erheblichen betrieblichen Einfluss entwickeln, d. h. ab welcher Belastung werden Engpässe signifikant?
→ Wie stark muss ein reales Betriebsprogramm ausgedünnt werden, so dass ursprünglich hoch signifikante Engpässe nur noch potentiellen Charakter besitzen?
→ Welche betrieblichen/fahrplanbezogenen Maßnahmen (z. B. Nutzung alternativer Fahrwege und Bahnhofsgleise) sind sinnvoll, um zu vermeiden, dass Engpässe bei konkreten Fahrplänen betrieblichen Einfluss entwickeln?
→ Welche Infrastrukturmaßnahmen führen zur Reduzierung von relevanten Engpässen?
→ In welchem Umfang lässt sich die Infrastrukturauslastung durch die Engpassanalyse erhöhen?

BILD 4: Engpassrelevanz und Engpasssignifikanz im optimalen Leistungsbereich

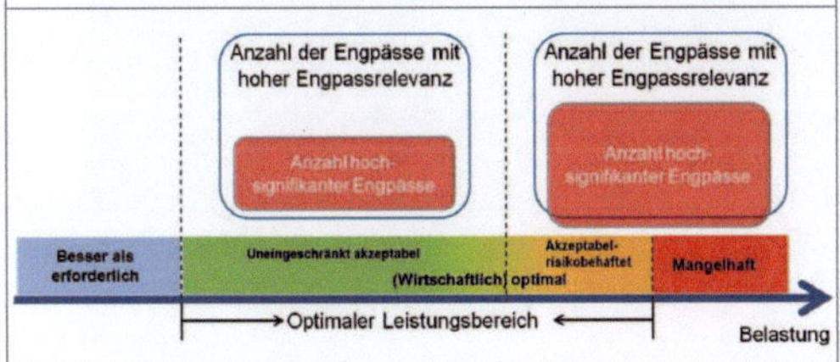

Das aktuelle Projekt RePlan [4] des Verkehrswissenschaftlichen Instituts Stuttgart (VWI GmbH) ermöglicht eine softwaregestützte Durchführung der Engpassanalyse auf Grundlage der in diesem Artikel entwickelten Grundsätze und damit ein anwenderorientiertes Hilfsmittel zur Beantwortung der oben genannten Fragen. Hierbei wird zunächst der optimale Leistungsbereich mittels Einfachsimulationen zufällig erzeugter Fahrpläne verschiedener Verdichtungsstufen unter Beibehaltung der Struktur des Betriebsprogramms ermittelt. Für die Lokalisierung und Bewertung der Engpassrelevanz bzw. -signifikanz sowie die Bewertung des Leistungsverhaltens einzelner Infrastrukturabschnitte sind zusätzliche Fahrpläne mit Belastungen innerhalb des optimalen Leistungsbereichs zu simulieren. Ein Beispiel für die Engpassbewertung ist in Bild 5 gegeben. Allerdings werden im Zusammenhang der Diagnose bislang lediglich die Symptome der Engpässe bestimmt und eindeutig zugeordnet. Dementsprechend können zurzeit auch nur symptombezogene Therapieansätze verfolgt werden.

6. AUSBLICK

Zur Erhöhung der Leistungsfähigkeit einer gegebenen Eisenbahninfrastruktur unter Beibehaltung einer gewünschten Betriebsqualität müssen betriebsbehindernde Engpässe gezielt beseitigt werden. Grundlage dafür stellen die in diesem Beitrag entwickelten Ansätze zur systematischen Lokalisierung und Kategorisierung der Engpässe im Untersuchungsraum dar. Die zielgerichtete Therapie erfordert jedoch zusätzlich eine Bestimmung

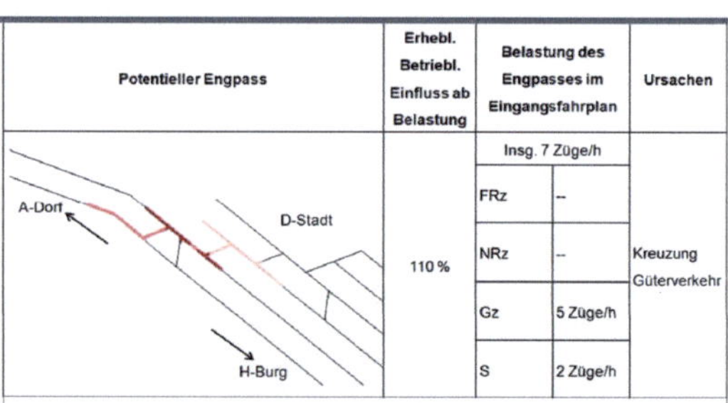

Potentieller Engpass	Erhebl. Betriebl. Einfluss ab Belastung	Belastung des Engpasses im Eingangsfahrplan		Ursachen
		Insg. 7 Züge/h		
		FRz	--	
	110 %	NRz	--	Kreuzung Güterverkehr
		Gz	5 Züge/h	
		S	2 Züge/h	

BILD 5: Beispiel einer Engpassbewertung mit RePlan

der eigentlichen Ursachen dieser Engpässe. In einem laufenden DFG-Forschungsprojekt [5] am Institut für Eisenbahn- und Verkehrswesen der Universität Stuttgart werden gegenwärtig Methoden zur Ursachenbestimmung entwickelt. ←

Literatur

[1] Chu, Zifu; Martin, Ullrich: Dynamisierung von Zeitscheiben in Betriebsprogrammen bei Leistungsuntersuchungen. In: ETR, Nr. 5, Jg. 2012, 2012, S. 40-45.
[2] DB Netz AG: DB Richtlinie 405 - Fahrwegkapazität, 2008.
[3] Martin, Ullrich; Li, Xiaojun; Warninghoff, Carsten-Rainer: Simulationsbasiertes allgemeingültiges Bewertungsverfahren für Knotenelemente bei der Infrastrukturbemessung im Schienenverkehr – RePlan. In: ETR, Nr. 11, Jg. 2012, S. 38-43.
[4] Martin, Ullrich: Li, Xiaojun; Cui, Yong: Abschlussbericht RePlan, Bahnhofskapazität, RePlan AP4, Version 0.2. 2012.
[5] Martin, Ullrich: Entwicklung einer simulationsbasierten Methodik zur ursachenbezogenen Engpassbewertung komplexer Gleisstrukturen in spurgeführten Verkehrssystemen unter Berücksichtigung stochastischer Bedingungen. DFG-Projekt, 2012.

SUMMARY

Methods of bottleneck analysis in the dimensioning of infrastructure for rail traffic

Global indicators, such as the optimum performance range and delay coefficients, are used in academic studies of railway performances for assessing a given railway infrastructure as regards its performance behaviour and operational quality for the whole of the territory investigated. Working out suitable measures for improving the performance and the operational quality, however, also calls for the examination of local indicators for the performance behaviour of individual infrastructure elements in combination with a bottleneck analysis.